"十四五"时期
国家重点出版物出版专项规划项目

航天先进技术
研究与应用系列

王子才　总主编

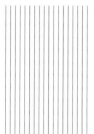

变质心控制飞行器建模与制导控制方法

Modeling, Guidance and Control Method of Moving-Mass Controlled Flight Vehicle

晁　涛　王松艳　杨　明　李冠林　编著

哈尔滨工业大学出版社
HARBIN INSTITUTE OF TECHNOLOGY PRESS

内 容 简 介

本书主要内容有:变质心控制技术概述、变质心控制再入飞行器研究概述、坐标系及其变换、控制力与控制力矩、地球形状和引力场、空气动力及力矩、变质心再入飞行器数学模型、变质心再入飞行器制导律、变质心再入飞行器控制律、变质心再入飞行器仿真分析。

在变质心再入飞行器研究领域,国内外尚无相关专著。本书对变质心再入飞行器建模、制导、控制与仿真方面进行了阐述和分析,在制导律和控制律设计以及仿真分析方面的内容是作者在该领域的最新研究成果。特别是针对单通道控制的变质心再入飞行器,考虑其欠驱动特性以及工程应用条件的约束,提出了可行的高精度制导和控制律设计方法,并通过大量的数学仿真对比分析,验证了方法的有效性,具有较高的学术价值和应用价值。

本书可供飞行器总体设计和控制系统设计等相关专业设计人员参考,也可供飞行器制导控制理论研究领域的科研人员参考。

图书在版编目(CIP)数据

变质心控制飞行器建模与制导控制方法/晁涛等编著. —哈尔滨:哈尔滨工业大学出版社,2024.9.
(航天先进技术研究与应用系列). —ISBN 978 – 7 – 5767 – 1531 – 6

Ⅰ. V448.2

中国国家版本馆 CIP 数据核字第 2024ZK0924 号

变质心控制飞行器建模与制导控制方法
BIANZHIXIN KONGZHI FEIXINGQI JIANMO YU ZHIDAO KONGZHI FANGFA

策划编辑	杜　燕
责任编辑	宋晓翠　王晓丹　鹿　峰　李长波
出版发行	哈尔滨工业大学出版社
社　　址	哈尔滨市南岗区复华四道街10号　邮编150006
传　　真	0451 – 86414749
网　　址	http://hitpress.hit.edu.cn
印　　刷	哈尔滨博奇印刷有限公司
开　　本	720 mm×1 000 mm　1/16　印张 13　字数 240 千字
版　　次	2024 年 9 月第 1 版　2024 年 9 月第 1 次印刷
书　　号	ISBN 978 – 7 – 5767 – 1531 – 6
定　　价	68.00 元

(如因印装质量问题影响阅读,我社负责调换)

前 言

变质心控制技术(moving mass control)也称质量矩控制技术,是从20世纪80年代逐渐发展起来的一种运动体控制方式,目前在水下航行器和飞行器等运动体控制领域得到了广泛的关注与研究。变质心控制技术的原理可简单概括为:在运动体内按照一定原则布置若干个可移动的质量块(moving mass),在运动体移动或者转动过程中,通过质量块的移动(通常用电机拖动),改变运动体质心位置,进而产生配平力矩,改变运动体的姿态,或者实现改变运动体位置的目的。

作为一种具有良好应用前景的控制方式,变质心控制技术是目前再入飞行器控制领域的研究热点,其在应用和理论两方面均存在较大的价值。从应用角度看,变质心控制技术相比气动舵和侧向喷流(直接力)控制技术更具优势。具体体现在:(1)可移动的质量块安放在飞行器内部,无须像传统舵面一样布置在飞行器外部从而影响气动布局,也避免了执行机构的烧蚀问题;(2)采用侧向喷流控制不可避免地会产生空气扰流和羽流污染,从而影响控制精度,甚至导致控制反效或者失控,而变质心控制技术则可以解决这一问题;(3)通过复用一些功能部件(如将再入飞行器的核装置作为移动质量块),在不增加飞行器质量的前提下,可以提高控制效率,还能满足小型化的需求。从理论研究的层面看,变质心控制再入飞行器不同于传统方式控制的飞行器,其数学模型更为复杂,控制机理尚未阐释清楚,滑块在不同布局情况下面临的控制理论问题也不尽相同,如果和其他控制机理相结合,会产生更多的控制理论问题,因此激发了许多研究人员投身变质心控制飞行器研究中。

  本书针对变质心再入飞行器，研究其制导律和控制律设计方法，并进行仿真分析验证。书中大部分内容是作者在该领域的最新研究成果，特别是针对单通道控制的变质心再入飞行器，考虑其欠驱动特性以及工程应用条件的约束，提出了可行的高精度制导和控制律设计方法，并通过大量的数学仿真对比分析，验证了方法的有效性。

  本书得到了国家自然科学基金项目（项目编号：61403096、61627810 和 61790562）的资助，在此表示感谢。本书在撰写过程中参考了国内外相关的专著，在此表示感谢。书中的部分内容来源于作者历年来指导的研究生所撰写的论文，在此表示感谢（包括但不限于王丹妮、权申明、孙忠旭、张晓燕等）。硕士研究生胡敬在文字校对和图片绘制方面提供了很大帮助，在此表示感谢。最后，还要感谢国家出版基金项目的资助。

  由于时间仓促，书中难免存在疏漏及不足之处，请读者批评指正。

作 者

2024 年 3 月

目 录

- 第 0 章　绪论 ⋯⋯⋯⋯⋯⋯⋯⋯⋯⋯⋯⋯⋯⋯⋯⋯⋯⋯⋯⋯⋯⋯⋯⋯⋯⋯⋯ 001
  - 0.1　变质心控制技术概述 ⋯⋯⋯⋯⋯⋯⋯⋯⋯⋯⋯⋯⋯⋯⋯⋯⋯⋯⋯ 001
  - 0.2　变质心控制再入飞行器研究概述 ⋯⋯⋯⋯⋯⋯⋯⋯⋯⋯⋯⋯⋯ 007
- 第 1 章　坐标系及其变换 ⋯⋯⋯⋯⋯⋯⋯⋯⋯⋯⋯⋯⋯⋯⋯⋯⋯⋯⋯⋯⋯ 011
  - 1.1　坐标系间的方向余弦矩阵及矢量导数的关系 ⋯⋯⋯⋯⋯⋯⋯ 011
  - 1.2　地球惯性坐标系和再入坐标系 ⋯⋯⋯⋯⋯⋯⋯⋯⋯⋯⋯⋯⋯⋯ 014
  - 1.3　弹体坐标系 ⋯⋯⋯⋯⋯⋯⋯⋯⋯⋯⋯⋯⋯⋯⋯⋯⋯⋯⋯⋯⋯⋯⋯ 015
  - 1.4　速度坐标系 ⋯⋯⋯⋯⋯⋯⋯⋯⋯⋯⋯⋯⋯⋯⋯⋯⋯⋯⋯⋯⋯⋯⋯ 016
  - 1.5　轨迹坐标系 ⋯⋯⋯⋯⋯⋯⋯⋯⋯⋯⋯⋯⋯⋯⋯⋯⋯⋯⋯⋯⋯⋯⋯ 017
  - 1.6　坐标系间的四元数表示法 ⋯⋯⋯⋯⋯⋯⋯⋯⋯⋯⋯⋯⋯⋯⋯⋯ 018
- 第 2 章　控制力与控制力矩 ⋯⋯⋯⋯⋯⋯⋯⋯⋯⋯⋯⋯⋯⋯⋯⋯⋯⋯⋯ 021
  - 2.1　控制力 ⋯⋯⋯⋯⋯⋯⋯⋯⋯⋯⋯⋯⋯⋯⋯⋯⋯⋯⋯⋯⋯⋯⋯⋯⋯ 022
  - 2.2　控制力矩 ⋯⋯⋯⋯⋯⋯⋯⋯⋯⋯⋯⋯⋯⋯⋯⋯⋯⋯⋯⋯⋯⋯⋯⋯ 023
- 第 3 章　地球形状和引力场 ⋯⋯⋯⋯⋯⋯⋯⋯⋯⋯⋯⋯⋯⋯⋯⋯⋯⋯⋯ 025
  - 3.1　地球的运动及形状 ⋯⋯⋯⋯⋯⋯⋯⋯⋯⋯⋯⋯⋯⋯⋯⋯⋯⋯⋯ 025
  - 3.2　地球引力与重力 ⋯⋯⋯⋯⋯⋯⋯⋯⋯⋯⋯⋯⋯⋯⋯⋯⋯⋯⋯⋯ 028
- 第 4 章　空气动力及力矩 ⋯⋯⋯⋯⋯⋯⋯⋯⋯⋯⋯⋯⋯⋯⋯⋯⋯⋯⋯⋯ 039
  - 4.1　地球大气 ⋯⋯⋯⋯⋯⋯⋯⋯⋯⋯⋯⋯⋯⋯⋯⋯⋯⋯⋯⋯⋯⋯⋯⋯ 039
  - 4.2　空气动力 ⋯⋯⋯⋯⋯⋯⋯⋯⋯⋯⋯⋯⋯⋯⋯⋯⋯⋯⋯⋯⋯⋯⋯⋯ 040

4.3　空气动力矩 …………………………………………… 043

第5章　变质心再入飞行器数学模型 …………………………… 047
5.1　变质心再入飞行器质心运动模型 ……………………… 047
5.2　变质心再入飞行器绕质心运动模型 …………………… 048
5.3　变质心再入飞行器辅助模型 …………………………… 050
5.4　变质心再入飞行器模型特性分析 ……………………… 054

第6章　变质心再入飞行器制导律 ……………………………… 067
6.1　标准轨迹设计方法 ……………………………………… 067
6.2　标准轨迹跟踪方法 ……………………………………… 068
6.3　滚转制导律 ……………………………………………… 071
6.4　考虑目标点机动的改进滚转制导律 …………………… 072
6.5　变质心再入飞行器再入段制导律 ……………………… 082
6.6　考虑落速散布的有限时间制导方法 …………………… 109
6.7　考虑目标点机动及落角约束的有限时间制导方法 …… 123

第7章　变质心再入飞行器控制律 ……………………………… 139
7.1　变质心再入飞行器PID控制器设计 …………………… 139
7.2　变质心再入飞行器灰色预测PID控制器设计 ………… 142
7.3　考虑输入受限的控制器设计 …………………………… 145
7.4　变质心再入飞行器滑模控制器设计 …………………… 150
7.5　自适应滑模控制器设计 ………………………………… 159
7.6　基于高斯伪谱法的控制器参数优化方法 ……………… 171

第8章　变质心再入飞行器仿真分析 …………………………… 187
8.1　变质心再入飞行器制导控制仿真平台 ………………… 187
8.2　变质心再入飞行器仿真示例 …………………………… 193

参考文献 ……………………………………………………………… 199
名词索引 ……………………………………………………………… 201

第 0 章

绪 论

本章将首先概述变质心控制技术的发展情况,然后对变质心控制再入飞行器的研究现状进行概述,最后引出本书重点研究的内容。在不引起歧义的情况下,将研究对象变质心控制再入飞行器简称为变质心控制飞行器或者变质心飞行器。

0.1 变质心控制技术概述

0.1.1 变质心控制技术起源

变质心控制技术起源于人们对于运动体质心偏移现象的发现与分析。质心(center of mass)是指物质系统上被认为质量集中于此的一个假想点,是多质点系统的质量中心,描述物体位置运动时通常是指描述质心的运动,而描述物体转动时也通常指其绕质心的转动。工程中的实际物理系统,通常是多质点系统,在实际运行过程中,由于发动机燃料消耗、飞行器结构变化等,因此系统质心偏离原有位置,称之为变质心现象或者质心移动现象。早在 20 世纪 80 年代以前,研究人员就对飞行器和水下航行器等多质点系统中的变质心现象进行了原理分析,揭示了其对运动体控制系统稳定性的影响。并基于分析结果,采用控制器对质心偏移进行补偿,从而降低其对闭环系统稳定性的影响。20 世纪 80 年代,研究人员发现海水具有腐蚀性,对传统舵控制的水下航行器产生影响,影响舵的控制效率,并且会降低水下航行器的使用寿命。研究人员采用逆向思维,尝试主动利用变质心现象,提出变质心控制的方式,通过主动改变质心位置,实现对运动体的控制,催生了变质心控制飞行器和水下航行器等变质心控制运动体的诞生。图0.1展示了变质心控制技术的发展历程。

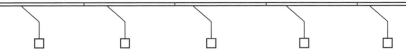

图0.1 变质心控制技术的发展历程

从20世纪80年代提出变质心控制技术开始,到21世纪前20年针对各种不同类型变质心控制飞行器开展相关的研究,变质心控制技术已经发展了40年左右的时间。从最初其应用仅局限于水下航行器,到现在变质心控制再入飞行器、变质心控制拦截器、变质心控制高超声速飞行器以及与直接力控制方式复合的飞行器,变质心控制技术的应用对象已经得到了极大的拓展。

0.1.2 变质心控制技术的应用

如前所述,目前变质心控制技术的应用对象包括再入飞行器、拦截器、高超声速飞行器和水下航行器等。

1. 变质心控制技术在再入飞行器中的应用

美国和俄罗斯很早就开始了对变质心控制技术应用于再入飞行器领域的理论研究和实践探索,部分成果已经进入了工程应用阶段[1]。其中,从公开发表的文献分析,美国是从大概20世纪80年代开始,对变质心控制的再入飞行器进行相关的控制技术应用研究[2]。随后,科研人员从各种不同质量块布局和飞行器是否自旋等角度,对相关技术开展了较为深入的研究。

变质心再入飞行器内部的移动质量块可以有一个、两个、三个甚至更多个等不同的类型,如图0.2~0.4所示,即便数量相同其布局也存在不同的方案,所面临的制导控制问题也不尽相同。

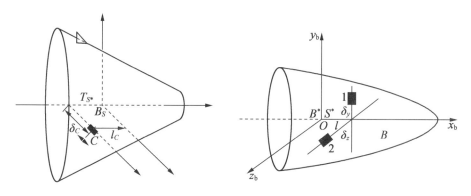

图 0.2 单质量块控制装置示意图　　图 0.3 两个质量块控制装置示意图

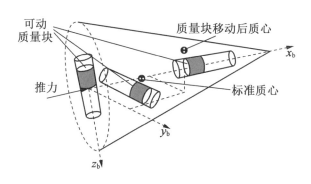

图 0.4 三个质量块控制装置示意图

美国 Sandia 国家实验室的 Byrne 等人对采用多个移动质量块进行飞行器配平的控制器进行了深入的研究,再入飞行器携带三个质量块,通过设计控制算法,获得期望的系统质心位置的质量块移动算法,通过质量块偏移产生配平攻角,从而修正自旋飞行器的再入飞行器弹道,并进一步分析了干扰特性,设计了制导控制系统。美国海军水面作战研究中心(Naval Surface Warfare Center, NSWC)的 Petsopoulos、Regan 和 Kavetsky[2],以一种固定攻角配平的再入飞行器为研究对象,针对其滚转控制通道,采用单个移动质量块进行控制系统的设计。通过在临近目标时对飞行器的弹道进行修正,来提高固定配平飞行器的制导精度。该方案设计具有简化控制系统装置,同时能够保证一定的制导精度的优点。此外,Petsopoulos、Regan 和马里兰大学的 Barlow,以单滑块控制再入飞行器的滚动为背景,研究了采用单一质量块的一维运动控制飞行器滚转运动的可行性[3]。

与此类似,俄罗斯的战略导弹白杨-M(Topol-M)的再入飞行器(图0.5),也采用了移动内部质量的方式进行弹道控制。该型导弹的机动末制导飞行器再入至 120 km 高度时,开启雷达天线,对打击目标附近特征显著的地形、地貌进行地图匹配。然后,开启以高压气瓶为动力源的控制系统,对飞行器进行调姿和位置修正,当到达 90 km 高度时,抛掉弹上雷达天线及高压气瓶。此后,可以进行飞行器的机动突防飞行。机动时,是通过高压气瓶和液压作动筒改变铀 238 核装置的位置,从而改变飞行器质心,产生相应的控制力矩改变飞行器姿态,继而改变飞行器位置,实现机动飞行。此方法的优势在于可以避免使用空气舵的烧蚀问题,并且可以使得飞行器获得良好的气动外形,获得更好的控制性能。

图 0.5　白杨－M 战略导弹的再入飞行器

再入飞行器有些是自旋式的,有些则是非自旋式的。对于自旋飞行器,由于飞行器匀速率自旋,单一质量块移动时,可以对飞行器的俯仰和偏航两个通道同时进行控制。因此,对于自旋飞行器来说,俯仰和偏航运动存在交联耦合问题。为避免这一问题,可以采用非自旋式的控制方式[4]。

针对非自旋式的再入飞行器,美国 Sandia 国家实验室的研究者 Robinet 等人,研究了单个移动质量块控制自旋再入飞行器的相关技术[5]。由于应用于非自旋飞行器时,单个质量块只能控制飞行器一个通道的运动,因此,如果要完成两个通道的控制任务,则至少需要采用两个质量块,甚至可以采用更多质量块。美国弗吉尼亚理工学院的 Whitacre 对采用两个质量块控制装置的非自旋再入飞行器进行了研究。两个质量块在飞行器内部运动方向均平行于飞行器纵轴,如图 0.3 两个质量块控制装置示意图所示。一种典型的带有两个质量块的非自旋飞行器如图 0.6 所示。该飞行器利用差动副翼进行滚转通道的稳定控制,以便克服飞行器再入大气层后的非对称烧蚀,还有质量块在飞行器内部活动时所带来的对飞行器滚转姿态的影响。图 0.6 中包括两个质量块 P 和 Q。其中,质量块 Q 的运动方向平行于飞行器的 O_1z_1 轴,用于控制偏航通道;而质量块 P 的运动方

向平行于飞行器的 O_1y_1 轴,用于控制俯仰通道。显然,采用此种方式进行飞行器控制时,偏航通道和俯仰通道之间相互独立控制,二者的交联耦合影响很小。

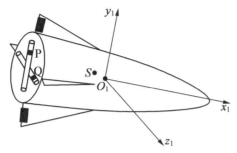

图0.6 变质心非自旋飞行器系统结构示意图

2. 变质心控制技术在拦截器中的应用

动能拦截器是反导拦截中的利器。美国的导弹防御系统中采用了配有直接力控制机构的动能拦截器。如果将变质心技术应用于动能拦截器的设计中,将有效提升动能拦截器的制导控制性能。基于这一思想,美国最优综合(Optimal Synthesis)公司和美国海军水面作战研究中心的技术人员,将变质心控制技术应用于反导系统的非自旋动能拦截弹上[6]。针对采用三个移动质量块布局的拦截弹,他们建立了拦截弹的运动方程和质量块的运动方程,为提升制导控制的综合性能,进行了制导控制一体化设计,并且基于反馈线性化和比例导引法设计了制导控制系统,以在大气层外和大气层内拦截目标为背景,分别进行了数学仿真。仿真结果表明,对于增加了三个质量块的拦截器,采用制导控制一体化设计方法设计制导控制系统,可以有效地减小拦截器的脱靶量,从而提高拦截精度。

作为一种有前景的新型控制技术,除了可以应用于非自旋拦截器以外,一些研究人员也探讨了变质心控制技术在自旋型拦截弹中的应用,如图0.7所示。其轴向质量块 m_1 的运动方向沿着导弹纵轴 Ox,法向移动质量块 m_2 的运动方向垂直于导弹纵轴 Oy。其中,径向质量块用于控制零攻角情况下的姿态,如果需要机动改变射面,也可以采用径向移动质量块的方式,而轴向质量块则主要起到平衡作用;如果需要保持射面不动,而进行位置机动,则需要采用轴向质量块移动的方式。

3. 变质心控制技术在水下航行器中的应用

如前所述,变质心控制技术不仅可以应用于再入飞行器和拦截弹等导弹武器上,而且可以应用于水下航行器的控制。弗吉尼亚理工学院的 Woolsey 和普林斯顿大学的 Leonard 将变质心控制技术应用于水下航行器,研究了采用单个移动质量块的水下航行器。他们采用哈密尔顿方程法,建立了水下航行器的动力学模型,设计了反馈控制器以保证平衡点的稳定性。哈密尔顿方程法建模需要引入哈密尔顿方程和广义动量,由于从广义动量计算系统中各刚体的速度十分复杂,因此在实际中很少应用[7]。随后,普林斯顿大学的 Gravel 针对采用变质心控制的水下航行器,研究了相应的位置控制方法。该水下航行器由固定尾翼、压舱系统、可移动质量块和控制舵面(舵翼)等组成,其简化的结构图如图 0.8 所示[8]。

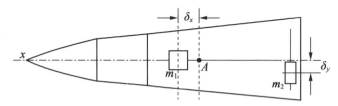

图 0.7 自旋型拦截弹的两质量块控制装置示意图

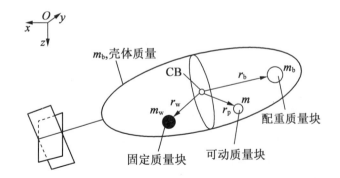

图 0.8 水下航行器简化结构图

Gravel 针对上述航行器,用牛顿力学方法建立了水下航行器的运动模型,根据航行试验结果进行了相应的运动参数辨识。在此基础上,设计了水下航行器的位置控制系统并进行了仿真分析。仿真结果表明,利用质量块控制装置能够对航行器的上浮-下沉运动和航向运动进行有效的控制。国内也有学者针对水下航行器进行了相关的研究。如图 0.9 所示,葛晖等人分析了带有三个移动质量块的低速水下航行器的运动机理,并推导了相应的运动方程,在此基础上,分析了可移动质量块的质量大小、运动速度和位移对水下航行器的姿态变化和下沉弹道的影响。

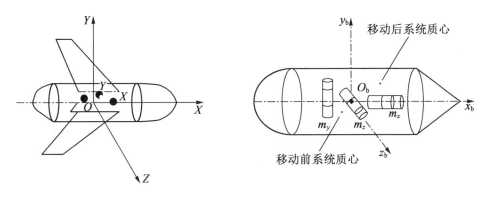

图 0.9　航行器内部的三质量块控制装置示意图

0.2　变质心控制再入飞行器研究概述

0.2.1　变质心控制技术在再入飞行器方面应用研究现状

近年来,随着各项技术的发展,飞行器的飞行速度不断提高、飞行空间不断拓展,面临的飞行任务也日趋复杂,从而极大地增加了对飞行器机动性和控制精度的需求。因此,亟须应用各种新的控制技术以满足新形势下的制导控制系统设计需求。而变质心控制技术因其具有独特的优势,逐渐受到人们的广泛关注,也得以在再入飞行器中进行应用,并取得了丰富的研究成果。

变质心再入飞行器,又称质量矩控制再入飞行器,其控制装置为移动质量块,基本控制原理为通过移动安装在飞行器内部的若干个质量块,来改变飞行器系统的质心位置,利用由此产生的气动力矩改变飞行器的飞行速度和姿态,进而完成飞行任务。但是,由于质量块的运动,系统的转动惯量也会随之改变,进而转动惯量变化对飞行器姿态运动的影响就显得尤为突出。另外,由于滑块间在运动过程中也会相互造成影响,因此不同通道之间存在强烈的耦合现象,也为其控制系统设计提出了更高的要求。与传统的空气动力控制和推力矢量控制技术相比,变质心控制技术应用于飞行器时具有如下一些优点。

(1)变质心控制装置位于飞行器内部,不会影响飞行器的气动外形,从而有利于获得较高的制导精度。

(2)变质心控制装置位于飞行器内部,降低了高速飞行时飞行器表面的热载荷，避免了气动舵面的连接缝隙，以及舵面的烧蚀问题。

（3）利用高速再入时产生的力矩和气动力进行姿态和机动控制，避免了气动舵面控制效率低下的问题，也避免了使用推力矢量控制装置带来的燃料、结构质量问题，侧喷扰流问题和羽流污染问题。

（4）通过适当的结构和机构设计，飞行器内部装置可以作为可移动滑块，因此这种控制方式不会增加飞行器质量，对于飞行器小型化具有重要意义。

基于上述优点，变质心控制技术在飞行器方面的应用研究受到国内外研究者的高度重视，美俄两大军事强国的研究已经很成熟，并进入了工程应用阶段。国内虽然起步较晚，但也有一些研究单位对变质心飞行器从不同角度进行了理论研究，例如哈尔滨工业大学、西北工业大学和北京理工大学等[9-11]。

0.2.2 变质心控制再入飞行器分类及研究内容

对变质心再入飞行器的分类方式有多种。如果根据其所携带的可移动滑块数目可以将其分为四类。

1. 单滑块变质心飞行器

此类飞行器通常携带一个可移动质量块。对于自旋稳定的飞行器，其质量块可以沿飞行器径向（或同时在径向和轴向）进行移动，用于控制俯仰或/和偏航方向的姿态运动；对于固定配平（静稳定）的飞行器，通常其纵向和横向是静稳定的，具有固定的配平攻角和侧滑角，所以可采用单个滑块进行滚转运动的控制。

2. 双滑块变质心飞行器

此类飞行器通常携带两个可移动质量块。对于自旋式稳定的飞行器，可以在径向和轴向各布置一个滑块，用于控制偏航和俯仰通道的姿态运动；也可以针对非自旋稳定的飞行器，采用如图 0.10 所示的布局，用气动舵保持滚转稳定，以非正交/正交的形式配置滑块的位置，达到控制偏航和俯仰通道姿态运动的目的。

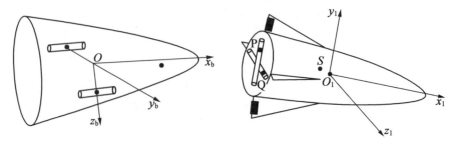

图 0.10 双滑块再入飞行器示意图

3. 三滑块变质心飞行器

此类飞行器通常携带三个可移动质量块，分别包括位于横向对称平面内的两个，和沿着轴向的一个。通常横向对称平面内的滑块可以采用垂直/正交的方式布局，也可采用非正交的形式。

4. 其他变质心飞行器

此类飞行器通常采用多于三个可移动质量块，针对偏航、俯仰和滚转通道可以实现冗余的控制。

针对前述不同类型的变质心再入飞行器，研究人员分别从滑块布局研究、数学模型建立、稳定性分析、制导律研究、控制律研究以及制导控制一体化设计等方面开展了相关研究，相关的参考文献也散见于期刊和会议论文中。然而，遗憾的是目前缺乏相关论著针对变质心控制再入飞行器制导控制技术进行系统的研究。本书试图弥补这一遗憾，从变质心控制再入飞行器的建模、模型特性分析、制导律设计、控制律设计等方面进行了细致的阐述，特别是以近年来广受关注的单滑块静稳定固定配平再入飞行器为对象，针对其特点进行了有特色的研究工作。

第 1 章

坐标系及其变换

数学模型是研究变质心再入飞行器制导控制问题的基础。而要建立数学模型,首先需要明确在何种坐标系中描述飞行器的运动。由于飞行器数学模型中需要对诸如力、力矩、运动速度和位置等矢量进行描述,需要将其投影到不同的坐标系中,并且涉及这些矢量在不同坐标系间的转换关系。因此,本章介绍变质心飞行器制导控制研究过程中所需要的常用坐标系及坐标系间的相互转化。

1.1 坐标系间的方向余弦矩阵及矢量导数的关系

设 $O_p - x_p y_p z_p$ 及 $O_q - x_q y_q z_q$ 为任意两个原点及坐标轴方向均不重合的右手直角坐标系。令 $\boldsymbol{P}_Q$ 是把 x_q、y_q、z_q 坐标轴单位矢量变换为 x_p、y_p、z_p 坐标轴单位矢量的转换矩阵,则有

$$\boldsymbol{E}_p = \boldsymbol{P}_Q \boldsymbol{E}_q \tag{1.1}$$

其中

$$\boldsymbol{E}_p = \begin{bmatrix} x_p^0 \\ y_p^0 \\ z_p^0 \end{bmatrix}, \quad \boldsymbol{E}_q = \begin{bmatrix} x_q^0 \\ y_q^0 \\ z_q^0 \end{bmatrix} \tag{1.2}$$

将式(1.1)乘 $\boldsymbol{E}_q$ 的转置矩阵 $\boldsymbol{E}_q^{\mathrm{T}}$,并注意到 $\boldsymbol{E}_q \boldsymbol{E}_q^{\mathrm{T}} = \boldsymbol{I}$(单位矩阵),则有

$$\boldsymbol{P}_Q = \boldsymbol{E}_p \boldsymbol{E}_q^{\mathrm{T}} = \begin{bmatrix} x_p^0 \cdot x_q^0 & x_p^0 \cdot y_q^0 & x_p^0 \cdot z_q^0 \\ y_p^0 \cdot x_q^0 & y_p^0 \cdot y_q^0 & y_p^0 \cdot z_q^0 \\ z_p^0 \cdot x_q^0 & z_p^0 \cdot y_q^0 & z_p^0 \cdot z_q^0 \end{bmatrix} \qquad (1.3)$$

上式可简记为

$$\boldsymbol{P}_Q = [a_{ij}] \quad (i,j=1,2,3) \qquad (1.4)$$

其中 a_{ij} 表示第 i 行、第 j 列的元素,即

$$a_{11} = x_p^0 \cdot x_q^0 = \cos(x_p, x_q)$$
$$a_{12} = x_p^0 \cdot y_q^0 = \cos(x_p, y_q)$$

依此类推。

$\boldsymbol{P}_Q$ 矩阵中的九个元素由两坐标系坐标轴夹角的余弦值组成,故称为方向余弦矩阵。该矩阵为正交矩阵,证明如下:由 $\boldsymbol{E}_q = \boldsymbol{Q}_P \boldsymbol{E}_p$ 的方向余弦矩阵写出后有 $\boldsymbol{Q}_P = \boldsymbol{P}_Q^{\mathrm{T}}$,且不难写出 $\boldsymbol{E}_q = \boldsymbol{P}_Q^{-1} \boldsymbol{E}_p$,可见 $\boldsymbol{P}_Q^{\mathrm{T}} = \boldsymbol{Q}_P = \boldsymbol{P}_Q^{-1}$,故得证。

对于具有正交性的方向余弦矩阵的九个元素,因为它们满足每行(或列)自身点乘等于1、行与行(或列与列)之间互相点乘等于0,共有六个关系式,故只有三个元素是独立的。

两个坐标系间方向余弦矩阵有一个最简单的形式,就是这两个坐标系的三个坐标轴中,有一组相对应的坐标轴平行,例如 z_q 与 z_p 平行,而 y_p 和 y_p 的夹角为 ξ,则此时方向余弦矩阵为

$$\boldsymbol{P}_Q = \begin{bmatrix} \cos\xi & \sin\xi & 0 \\ -\sin\xi & \cos\xi & 0 \\ 0 & 0 & 1 \end{bmatrix} = \boldsymbol{M}_3[\xi] \qquad (1.5)$$

所以记 $\boldsymbol{M}_3[\xi]$ 表示这两坐标系第三个轴平行而其他相应两轴夹角为 ξ 的方向余弦矩阵。可将此类方向余弦矩阵记成一般形式 $\boldsymbol{M}_i[\theta]$ ($i=1,2,3$),表示第 i 轴平行,θ 为其他相应两轴的夹角,并称其为初步转换矩阵。

现将坐标系间的方向余弦矩阵做一应用推广。若有三个右手直角坐标系: O_s-$x_s y_s z_s$,O_p-$x_p y_p z_p$,O_q-$x_q y_q z_q$,可以写出它们之间的方向余弦关系:

$$\boldsymbol{E}_S = \boldsymbol{S}_P \boldsymbol{E}_P$$
$$\boldsymbol{E}_P = \boldsymbol{P}_Q \boldsymbol{E}_Q$$
$$\boldsymbol{E}_S = \boldsymbol{S}_Q \boldsymbol{E}_Q$$

而由前两式可得

$$\boldsymbol{E}_S = \boldsymbol{S}_P \boldsymbol{P}_Q \boldsymbol{E}_Q$$

将其与第三式比较,则有

$$S_Q = S_P P_Q \tag{1.6}$$

由此可见,坐标系之间的余弦关系具有传递性。

可以将一坐标系视为一个刚体,将其相对于另一坐标系的原点经过三次转动使这两坐标系相应轴重合,将这三个转动的角度作为独立变量来描述这两个坐标系的转换关系。这样,方向余弦阵中的九个元素就可以用三个角度的三角函数来表示。这三个角度称为此两坐标系的欧拉角。

如图 1.1 所示,设有 P、Q 两右手直角坐标系,为讨论方便,将两坐标系原点重合。为找出两坐标系的欧拉角,考虑将 Q 坐标系先绕 z_q 轴旋转 ξ 角得 $O-x_1 y_1 z_q$ 系,再绕 y_1 轴转 η 角得 $O-x_p y_1 z_1$,最后绕 x_p 旋转 ζ 角得 $O-x_q y_q z_q$。根据初等变换矩阵可写出

$$\begin{bmatrix} x_1 \\ y_1 \\ z_q \end{bmatrix} = M_3[\xi] \begin{bmatrix} x_q \\ y_q \\ z_q \end{bmatrix}, \quad \begin{bmatrix} x_p \\ y_1 \\ z_1 \end{bmatrix} = M_2[\eta] \begin{bmatrix} x_1 \\ y_q \\ z_q \end{bmatrix}, \quad \begin{bmatrix} x_p \\ y_p \\ z_p \end{bmatrix} = M_1[\zeta] \begin{bmatrix} x_p \\ y_1 \\ z_1 \end{bmatrix} \tag{1.7}$$

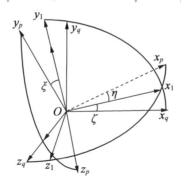

图 1.1　两坐标系的欧拉角关系图

再运用转换矩阵的递推性,可得

$$P_Q = \begin{bmatrix} \cos\xi\cos\eta & \sin\xi\cos\eta & -\sin\eta \\ \cos\xi\sin\eta\sin\zeta - \sin\xi\cos\zeta & \sin\xi\sin\eta\sin\zeta + \cos\xi\cos\zeta & \cos\eta\sin\zeta \\ \cos\xi\sin\eta\cos\zeta + \sin\xi\sin\zeta & \sin\xi\sin\eta\cos\zeta - \cos\xi\sin\zeta & \cos\eta\cos\zeta \end{bmatrix}$$

$$\tag{1.8}$$

上述即为用欧拉角 ξ、η、ζ 表示的两坐标系间的方向余弦阵。由于任意两坐标系经转动至重合的三个角度与转动的次序有关,根据转动次序的排列数可知共有六种次序,亦有六组不同的欧拉角,这样式(1.8)中的每个元素的表达式也

就不同,但每个元素的值都是唯一的。

设有原点重合的两个右手直角坐标系,其中 $O-xyz$ 坐标系相对于另一坐标系 P 以角速度 ω 转动。x^0、y^0、z^0 为转动坐标系的单位矢量,则任意矢量 A 可表示为

$$A = a_x x^0 + a_y y^0 + a_z z^0 \tag{1.9}$$

将上式微分,得

$$\frac{dA}{dt} = \frac{da_x}{dt}x^0 + \frac{da_y}{dt}y^0 + \frac{da_z}{dt}z^0 + a_x\frac{dx^0}{dt} + a_y\frac{dy^0}{dt} + a_z\frac{dz^0}{dt} \tag{1.10}$$

定义

$$\frac{\delta A}{\delta t} = \frac{da_x}{dt}x^0 + \frac{da_y}{dt}y^0 + \frac{da_z}{dt}z^0 \tag{1.11}$$

该 $\delta A/\delta t$ 是处于转动坐标系 $O-xyz$ 内的观测者所见到的矢量 A 随时间的变化率。对于该观测者而言,只有 A 的分量能变,而单位矢量 x^0、y^0、z^0 是固定不动的。但对于处于 P 坐标系内的观测者来说,dA/dt 是具有单位矢量 x^0 的点由于转动 ω 而造成的速度。由理论力学可知该点的速度为 $\omega \times x^0$,同理可得

$$\frac{dy^0}{dt} = \omega \times y^0, \quad \frac{dz^0}{dt} = \omega \times z^0$$

将上述关系式代入(1.10)即得

$$\frac{dA}{dt} = \frac{\delta A}{\delta t} + \omega \times A \tag{1.12}$$

将 $\delta A/\delta t$ 称为在转动坐标系 $O-xyz$ 中的"局部导数"。dA/dt 为"绝对导数",相当于站在惯性坐标系中的观测者所看到的矢量 A 的变化率。

1.2 地球惯性坐标系和再入坐标系

地球惯性坐标系的原点在地心 O_e,$O_e x_e$ 轴在赤道平面内指向平春分点(由于春分点随时间具有进动性,根据1976年国际天文协会决议,1984年起采用新的标准历元,以2000年1月1.5日的平春分点为基准),$O_e z_e$ 轴垂直于赤道平面,与地球自转轴重合,指向北极,$O_e y_e$ 轴的方向是使得该坐标系成为右手直角坐标系。该坐标系可用来描述洲际弹道导弹、运载火箭的飞行弹道以及地球卫星、飞船的轨道。

再入坐标系 $O-xyz$ 坐标原点与再入点 O 固连,Ox 轴在再入点水平面内指向

再入方向，Oy 轴垂直于再入点水平面指向上方，Oz 轴与 xOy 平面垂直并构成右手坐标系。由于再入点随着地球一起旋转，所以再入坐标系为一动坐标系。

1.3 弹体坐标系

弹体坐标系 $O_1-x_1y_1z_1$ 原点为飞行器质心，O_1x_1 为飞行器外壳对称轴，指向飞行器头部；O_1y_1 轴在飞行器的主对称面内，该平面在再入瞬时与再入坐标系 xOy 平面重合，O_1y_1 轴垂直于 O_1x_1 轴；O_1z_1 与平面 $x_1O y_1$ 构成满足右手定则的坐标系。

弹体坐标系 $O_1-x_1y_1z_1$ 可看作是再入坐标系 $O-xyz$ 绕着三个坐标轴进行三次旋转得到的，常用的转序有 2—3—1 和 3—2—1 两种。以下举例进行说明。

首先，将这两个坐标系通过平移使得原点重合。则这两个坐标系之间的关系可用三个姿态角来表示，分别为：偏航角 ψ，飞行器弹体坐标系的体轴 O_1x_1 在再入坐标系中的水平面 xOz 上的投影线与 Ox 轴之间的夹角，如果 O_1x_1 轴向左方偏离平面 xOz，则为正，反之为负。俯仰角 ϑ，飞行器弹体坐标系的体轴 O_1x_1 与再入坐标系中水平面 xOz 之间的角度，弹体的体轴指向水平面上方为正，反之为负。滚转角 γ，飞行器弹体坐标系的对称平面 $x_1O_1y_1$ 与包含 O_1x_1 轴的铅垂面之间的夹角，当 O_1z_1 轴向下方倾斜时为正，反之为负。坐标系转换如图1.2所示。

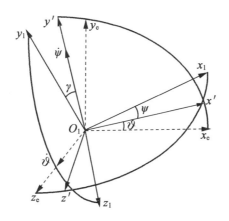

图1.2 再入坐标系与飞行器弹体坐标系转换关系图

其转换关系的方向余弦矩阵可以表示为

$$\boldsymbol{B}_e^1 = \begin{bmatrix} \cos\vartheta\cos\psi & \sin\vartheta & -\cos\vartheta\sin\psi \\ -\cos\gamma\sin\vartheta\cos\psi + \sin\gamma\sin\psi & \cos\gamma\cos\vartheta & \cos\gamma\sin\vartheta\sin\psi + \sin\gamma\cos\psi \\ \sin\gamma\sin\vartheta\cos\psi + \cos\gamma\sin\psi & -\cos\vartheta\sin\gamma & -\sin\gamma\sin\vartheta\sin\psi + \cos\gamma\cos\psi \end{bmatrix}$$

(1.13)

1.4 速度坐标系

坐标系原点 O_1 为飞行器的质心。O_1x_v 轴沿飞行器的飞行速度方向;O_1y_v 轴在飞行器的主对称面内,垂直于 O_1x_v 轴;O_1z_v 轴垂直于平面 xO_1y,与 O_1x_v 轴、O_1y_v 轴构成右手坐标系。该坐标系主要描述飞行器的飞行速度矢量状态。

速度坐标系与再入坐标系的关系可以由弹道倾角 θ、弹道偏角 ψ_v 和速度滚转角(倾侧角)γ_v 描述。按照 3—2—1 的转序,首先绕再入坐标系 Oz 轴旋转 θ 角,再绕 y' 轴旋转 ψ_v 角,最后绕 x_v 轴旋转 γ_v 角得到速度坐标系,如图 1.3 所示。其二者的方向余弦矩阵关系为

$$\begin{bmatrix} x_v^0 \\ y_v^0 \\ z_v^0 \end{bmatrix} = \boldsymbol{V}_G \begin{bmatrix} x^0 \\ y^0 \\ z^0 \end{bmatrix}$$

(1.14)

其中

$$\boldsymbol{V}_G = \begin{bmatrix} \cos\theta\cos\psi_v & \sin\theta\cos\psi_v & -\sin\psi_v \\ -\sin\theta\cos\gamma_v + \cos\theta\sin\psi_v\sin\gamma_v & \cos\theta\cos\gamma_v + \sin\theta\sin\psi_v\sin\gamma_v & \cos\psi_v\sin\gamma_v \\ \sin\theta\sin\gamma_v + \cos\theta\sin\psi_v\cos\gamma_v & -\cos\theta\sin\gamma_v + \sin\theta\sin\psi_v\cos\gamma_v & \cos\psi_v\cos\gamma_v \end{bmatrix}$$

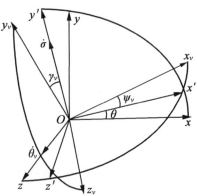

图 1.3 再入坐标系与速度坐标系转换关系图

速度坐标系与弹体坐标系间的关系可由攻角 α 和侧滑角 β 描述。首先将速度坐标系绕 O_1y_v 轴转 β 角;然后,绕新的侧轴 O_1z_1 旋转 α 角,如图 1.4 所示。其二者的方向余弦矩阵关系为

$$\begin{bmatrix} x_1^0 \\ y_1^0 \\ z_1^0 \end{bmatrix} = \boldsymbol{B}_V \begin{bmatrix} x_v^0 \\ y_v^0 \\ z_v^0 \end{bmatrix} \quad (1.15)$$

其中

$$\boldsymbol{B}_V = \begin{bmatrix} \cos\alpha\cos\beta & \sin\alpha & -\cos\alpha\sin\beta \\ -\sin\alpha\cos\beta & \cos\alpha & \sin\alpha\sin\beta \\ \sin\beta & 0 & \cos\beta \end{bmatrix} \quad (1.16)$$

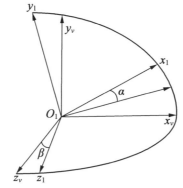

图 1.4 速度坐标系与弹体坐标系转换关系图

1.5 轨迹坐标系

轨迹坐标系 $O_1-x_3y_3z_3$ 原点 O_1 为飞行器质心,O_1x_3 与飞行器的速度方向重合,O_1y_3 与 O_1x_3 垂直且位于飞行器纵向对称平面内,O_1z_3 垂直于 O_1x_3 和 O_1y_3,构成右手坐标系。

轨迹坐标系与速度坐标系间的关系可由速度滚转角 γ_v 描述,如图 1.5 所示。由速度坐标系绕 O_1z_v 轴旋转 γ_v,得到轨迹坐标系。二者关系由方向余弦矩阵表示为

$$\begin{bmatrix} x_3^0 \\ y_3^0 \\ z_3^0 \end{bmatrix} = \begin{bmatrix} 1 & 0 & 0 \\ 0 & \cos\gamma_v & \sin\gamma_v \\ 0 & -\sin\gamma_v & \cos\gamma_v \end{bmatrix} \begin{bmatrix} x_1^0 \\ y_1^0 \\ z_1^0 \end{bmatrix} \quad (1.17)$$

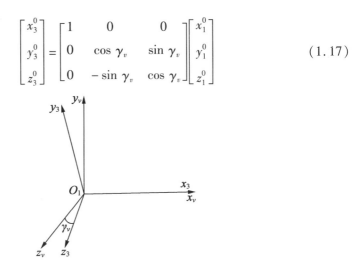

图 1.5　轨迹坐标系与速度坐标系转换关系图

1.6　坐标系间的四元数表示法

四元数的基本概念,早在 1843 年哈密顿(Hamilton)就提出来了,但一直停留在理论概念探讨阶段,没有得到广泛实际的应用。20 世纪 70 年代,尤其近年来,由于航天技术、数字计算机计算技术的发展,才促进了四元数理论和技术的应用。

在同一坐标系内,采用四元素表示的空间矢量绕定点连续旋转三次的方法,便可以得到两空间直角坐标系的关系。例如用四元数表示的再入坐标系和弹体坐标系间关系矩阵为

$$\begin{bmatrix} x^0 \\ y^0 \\ z^0 \end{bmatrix} = \boldsymbol{A}_1^0 \begin{bmatrix} x_1^0 \\ y_1^0 \\ z_1^0 \end{bmatrix} \quad (1.18)$$

其中

$$\boldsymbol{A}_1^0 = \begin{bmatrix} q_0^2 + q_1^2 - q_2^2 - q_3^2 & 2(q_1q_2 - q_0q_3) & 2(q_1q_3 + q_0q_2) \\ 2(q_1q_2 + q_0q_3) & q_0^2 - q_1^2 + q_2^2 - q_3^2 & 2(q_2q_3 - q_0q_1) \\ 2(q_1q_3 - q_0q_2) & 2(q_2q_3 + q_0q_1) & q_0^2 - q_1^2 - q_2^2 + q_3^2 \end{bmatrix}$$

由式(1.13)和式(1.18)可以得到四元数与欧拉角的关系式为

$$\begin{cases} \tan \psi = -\dfrac{2(q_1q_3 - q_0q_2)}{q_0^2 + q_1^2 - q_2^2 - q_3^2} \\ \sin \vartheta = 2(q_0q_2 - q_1q_3) \\ \tan \gamma = -\dfrac{2(q_2q_3 - q_0q_1)}{q_0^2 - q_1^2 + q_2^2 - q_3^2} \\ q_0^2 + q_1^2 + q_2^2 + q_3^2 = 1 \end{cases} \quad (1.19)$$

第 2 章

控制力与控制力矩

变质心再入飞行器根据内部布局结构分类,可以分为正交和非正交两大类,所谓正交和非正交指的是滑块所在的滑道是否能够在飞行器内部进行旋转。其中前者主要分为以下几种形式[12]:

(1) 单滑块变质心再入飞行器,滑块可于飞行器内径向移动,常常采用自旋的运动形式[13-14]。

(2) 双滑块变质心再入飞行器,滑块位于飞行器轴向和径向,常常采用自旋的运动形式[15]。

(3) 三滑块变质心再入飞行器,滑块位于飞行器内部,径向布置两个正交的滑块,另一个滑块位于飞行器轴向方向[16]。

而后者指的是飞行器内部滑块所在的滑道可以进行旋转,从而使得滑块位置并不位于平行于弹体坐标系的方向上。此类变质心再入飞行器根据滑块分类也分为单滑块变质心再入飞行器、双滑块变质心再入飞行器以及三滑块变质心再入飞行器。由于此类飞行器内部布局较为复杂,控制难度也随之增大,因此目前国内外的研究成果较少。

2.1 控 制 力

不同于气动力控制飞行器和直接力控制飞行器,变质心飞行器的控制力来自于内部滑块与飞行器壳体间的相互作用力。

定义 n 滑块变质心飞行器壳体质量 m_s,滑块质量分别为 $m_i(i=1,2,\cdots,n)$,所以变质心飞行器系统属于 $n+1$ 体系统。当滑块在某一时刻位于弹体坐标系位置相对于壳体坐标原点矢量 $\boldsymbol{r}_i$ 时,根据 Corilios 定理,可以得到滑块 m_i 的绝对加速度矢量 $\boldsymbol{a}_{ai}$ 与其相对加速度 $\boldsymbol{a}_{ei}$ 间的关系

$$\boldsymbol{a}_{ai} = \boldsymbol{a}_{0i} + \boldsymbol{a}_{ei} + \boldsymbol{a}_{ci} + \boldsymbol{a}_{ri} = \boldsymbol{a}_{0i} + [\dot{\boldsymbol{\omega}} \times \boldsymbol{\rho} + \boldsymbol{\omega} \times (\boldsymbol{\omega} \times \boldsymbol{\rho}_i)] + 2\boldsymbol{\omega} \times \dot{\boldsymbol{\rho}}_i + \ddot{\boldsymbol{\rho}}_i \quad (2.1)$$

其中,$\boldsymbol{\rho}_i$ 为滑块相对滑道原点的相对位置;$\boldsymbol{\omega}$ 为飞行器的旋转角速度。

进而可以得到滑块 m_i 与壳体间的相对作用力 $\boldsymbol{F}_i = m_i \boldsymbol{a}_{ai} - m_i \boldsymbol{g}$。当考虑 n 个滑块时,可以得到飞行器壳体动力学模型的矢量形式为

$$\boldsymbol{a} = \sum_{i=1}^{n} \boldsymbol{F}_i / m_s + \boldsymbol{R}/m_s + \boldsymbol{g} \quad (2.2)$$

其中,$\boldsymbol{R}$ 为飞行器受到的气动力;$\boldsymbol{g}$ 为重力加速度。

以单滑块变质心飞行器为例,对式(2.2)进行展开,飞行器结构图如图 2.1 所示。其中滑块沿着平行于弹体坐标系 z 轴方向运动,滑道与 z 轴间距离为 x_{offset},B 表示组合体,A 表示滑块,z_A 表示滑块移动距离,$\dot{z}_A$ 表示滑块移动速度,m_B 表示组合体质心,x_B、y_B、z_B 表示弹体坐标系的 x、y、z 轴。

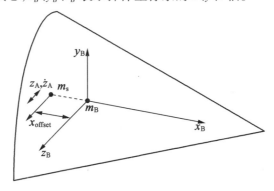

图 2.1 单滑块变质心飞行器结构示意图

可以得到滑块加速度在弹体坐标系下的分量为

$$\begin{cases} a_x = a_{0x} - (\omega_y^2 + \omega_z^2)x_{\text{offset}} + \omega_x\omega_z z_A + \dot{\omega}_y z_A + 2\omega_y \dot{z}_A \\ a_y = a_{0y} + \omega_x\omega_y x_{\text{offset}} + \dot{\omega}_z x_{\text{offset}} - \dot{\omega}_x z_A - 2\omega_x \dot{z}_A \\ a_z = a_{0z} + \omega_y\omega_z x_{\text{offset}} - \omega_x^2 z_A - \omega_y^2 z_A - \dot{\omega}_y x_{\text{offset}} + \ddot{z}_A \end{cases} \quad (2.3)$$

由此可以得到此类变质心再入飞行器的控制力 F_c 表示为

$$F_c = -m_s \begin{pmatrix} a_x - g_x \\ a_y - g_y \\ a_z - g_z \end{pmatrix} \quad (2.4)$$

2.2 控制力矩

当滑块运动时,由于飞行器质心的变化,气动力作用点偏离了初始的压心位置,从而产生了额外的气动力矩 M_{extra}。为计算额外的气动力矩,假设 n 滑块变质心飞行器系统质心在弹体坐标系下的坐标为

$$\begin{cases} x = (\sum_{i=1}^{n} m_i x_i)/(\sum_{i=1}^{n} m_i + m_s) \\ y = (\sum_{i=1}^{n} m_i y_i)/(\sum_{i=1}^{n} m_i + m_s) \\ z = (\sum_{i=1}^{n} m_i z_i)/(\sum_{i=1}^{n} m_i + m_s) \end{cases} \quad (2.5)$$

其中,x_i、y_i、z_i 为矢量 r_i 的分量。

由气动力矩定义可以得到

$$M_{\text{extra}} = r \times F_R \quad (2.6)$$

其中,$r = [x \quad y \quad z]^T$;$F_R$ 为弹体坐标系下的气动力矢量。

以图 2.1 中的变质心再入飞行器为例,对式(2.6)进行展开,可以得到此类变质心飞行器的控制力矩表示为

$$\begin{cases} M_{\text{extra}x} = -m_1/(m_1 + m_s) z_A F_{Ry} \\ M_{\text{extra}y} = m_1/(m_1 + m_s) z_A F_{Rx} - m_1/(m_1 + m_s) x_{\text{offset}} F_{Rz} \\ M_{\text{extra}z} = m_1/(m_1 + m_s) x_{\text{offset}} F_{Rz} \end{cases} \quad (2.7)$$

至此,本章结合不同内部布局的变质心飞行器给出了控制力和控制力矩的矢量表示形式,并以某一类单滑块变质心飞行器为例,对其进行展开,得到了控制力和控制力矩的分量形式。

第3章

地球形状和引力场

3.1 地球的运动及形状

3.1.1 地球的运动

众所周知,地球作为围绕太阳运动的行星,既有绕太阳的转动(公转),也有绕自身轴的转动(自转)。

地球质心绕太阳公转的周期为一年,轨迹为一椭圆。椭圆的近日距离约为 1.471×10^8 km,远日距离约为 1.521×10^8 km,是一个近圆轨道。

地球自转是绕地轴进行的。地轴与地球表面相交于两点,分别称为地理北极和南极。地球自转角速度矢量与地轴重合,指向地理北极。

地轴在地球内部有位置变化,反映为地球两极的移动,称为极移。极移的原因是地球内部和外部的物质移动。极移的范围很小,就 1967—1973 年的实际情况而论,仅有 15 m 左右[17]。

地球除有极移还有进动。地球为一扁球体,过地心作垂直于地轴的平面,它与地球表面的截痕称为赤道。太阳相对地球地心运动的轨道称为黄道。月球相对地心运动的轨道称为白道。由于黄道与赤道不共面(两轨道面的夹角为 23°27′),而白道比较靠近黄道(白道平面与黄道平面的夹角平均为 5°9′),因此,太阳和月球经常在赤道平面以外对赤道隆起部分施加不平衡的引力。如果地球没有自转,该力将使地球的赤道平面逐渐靠近黄道平面。由于地球自转的存在,上述作用力不会使地轴趋向于黄轴,而是以黄轴为轴做周期性的圆锥运动,这就是地轴的进动。地轴的进动方向与地球自转方向相反,进动的速度是每年50.24″,因此进动的周期约为 25 800 年。黄道平面与赤道平面的交线与地球运行轨道有两个交点,即所谓的春分点和秋分点。春分点是指太阳相对地心运动时,由地球赤道面以南穿过赤道面的点。秋分点则是太阳由赤道面以北穿过赤道面的点。由于地轴的进动,春分点在空中是自东向西移动的。

此外,由于白道平面与黄道平面的交线在惯性空间有转动,从北黄极看该交线按顺时针方向每年转动约 19°21′,约 18.6 年完成一周,致使月球对地球的引力作用也同样有周期性变化,从而引起地轴除绕黄道有进动外还有章动。

由此可见,地球的运动是一种复杂运动。在研究再入飞行器的过程中,上述影响因素除了地球自转外,均不予考虑,因为它们在飞行器再入过程中影响是极小的。为了描述地球的自转角速度,需要用到时间计量单位。人们的日常生活在很大程度上由太阳所决定,因此,把真太阳相继两次通过观测者子午圈所经历的时间间隔称为一个真太阳日。但真太阳日相对地心的运动是在黄道平面做椭圆运动,真太阳日的长度不是常值,不便于生活中使用。为此,人们设想了一个"假太阳",它也和真太阳一样,按相同的周期及同一方向绕地球运行,但有两点差别:①它的运行轨迹面是赤道平面,而不是黄道平面;②运动速度是均匀的,等于真太阳在黄道上运动的平均速度。这样就将"假太阳"两次过地球同一子午线的时间间隔称为一个平太阳日,一个平太阳日分为 24 个平太阳时。由于平太阳日是从正午开始,这就把一白天分成两天。为方便人们生活习惯,将子夜算作一日的开始,所以实际民用时要比太阳时早开始 12 h。

地球绕太阳公转周期为 365.256 36 个平太阳日。从图 3.1 可看出,地球旋转一周所用的时间 t 较一个平太阳日要短,即地球在一个平太阳日要转过的角度比 360°要短,即地球在一个平太阳日要转过的角度比 360°要多约 1°。显然,地球绕太阳公转一周时,地球共自转了 366.256 36 圈。因此地球自转一周所需要的时间为

$$t = \frac{365.256\ 36 \times 24 \times 3\ 600}{366.256\ 36} = 86\ 164.099(\text{s})$$

故得地球自转角速度为

$$\omega_e = \frac{2\pi}{t} = 7.292\ 115 \times 10^{-5}\ \text{rad/s}$$

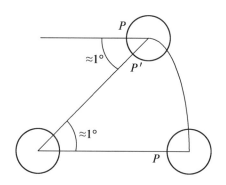

图 3.1 平太阳日与公转关系示意图

3.1.2 地球的形状

地球是一个形状复杂的物体。由于自转,其形成一个两极间距离小于赤道直径的扁球体。地球的物理表面也极不规则,近30%是大陆,近70%为海洋。陆地的最大高度是珠穆朗玛峰,高度是 8 844.43 m;海洋最低的海沟是太平洋的马里亚纳海沟,最大水深是 11 034 m。地球的物理表面实际上是不能用数学方法描述的。

通常所说的地球形状是指全球静止海平面的形状。全球静止海平面不考虑地球物理表面的海陆差异及陆上、海底的地势起伏。它与实际海洋静止平面相重合,而且包括陆地下的假想"海面",后者是前者的延伸,两者总称大地水准面,如图 3.2 所示。大地水准面的表面是连续的、封闭的,而且没有皱褶与裂痕,故是一个等重力势面。由于重力方向与地球内部不均匀分布的质量吸引作用,因此,大地水准面的表面也是一个无法用数学方法描述的非常复杂的表面。实际上往往用一个较为简单形状的物体来代替,要求该物体的表面与大地水准面的差别尽可能小,并且在此表面上进行计算没有困难。

作为一级近似,可以认为地球为一圆球,其体积等于地球体积。圆球体的半径 $R = 6\ 371\ 004$ m。

在多数情况下,用一椭圆绕其短轴旋转所得的椭球体来代替大地水准面。该椭球体按下列条件确定:

(1)椭球体中心与地球质心重合,而且其赤道平面与地球赤道平面重合。

(2)椭球体的体积与大地水准面的体积相等。

(3)椭球体的表面相对于大地水准面偏差(按高度)的平方和必须最小。

按上述条件确定的椭球体称为总地球椭球体。用它逼近实际大地水准面的精度一般来说是足够的。

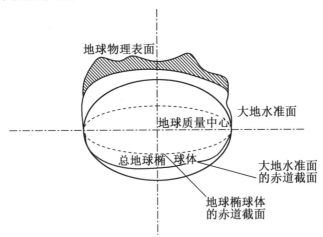

图 3.2　地球物理表面、大地水准面与地球椭球体示意图

关于总地球椭球体的几何尺寸,我国采用 1975 年国际大地测量与地球物理联合会第十六届大会(简称十六届测量大会)的推荐值:

地球赤道平面半径(即总椭球体长半轴)为

$$a_e = 6\ 378\ 140\ \text{m}$$

地球扁率为

$$\alpha_e = \frac{a_e - b_e}{a_e} = 1/298.257$$

3.2　地球引力与重力

3.2.1　地球引力

对于一个保守力场,场外一单位质量物体所受到该力场的作用力称为场强,记作 $\boldsymbol{F}$,它是矢量场。场强 $\boldsymbol{F}$ 与该质点在此力场中所具有的势函数 U 有如下关系:

$$\boldsymbol{F} = \text{grad}\ U \tag{3.1}$$

式中,势函数 U 为一标量函数,又称为引力位。

地球对球外质点的引力场为一保守力场,若设地球为一均质圆球,可把地球质量 M 看作集中于地球中心,则地球对球外距离地心为 r 的一单位质点的势函数为

$$U = \frac{fM}{r} \tag{3.2}$$

其中,f 为万有引力常数,记 $\mu = fM$ 为地球引力系数。

由式(3.1)可得地球对距球心 r 处一单位质点的场强为

$$\boldsymbol{g} = -\frac{fM}{r^2}\boldsymbol{r}^0 \tag{3.3}$$

场强 $\boldsymbol{g}$ 又称为单位质点在地球引力场中所具有的引力加速度矢量。

显然,若地球外一质点具有的质量为 m,则地球对该质点的引力即为

$$\boldsymbol{F} = m\boldsymbol{g} \tag{3.4}$$

实际地球为一形状复杂的非均质的物体,要求其对地球外一点的势函数,则需对整个地球进行积分来获得,即

$$U = f\int_M \frac{\mathrm{d}m}{\rho} \tag{3.5}$$

式中,$\mathrm{d}m$ 为地球单元体积的质量;ρ 为 $\mathrm{d}m$ 至空间所研究的一点的距离。

由上式看出,要精确计算出势函数,则必须已知地球表面的形状和地球内部的密度分布,才能计算出该积分值。这在目前还是很难做到的。应用球函数展开式可导出地球的引力位的标准表达式为

$$U = \frac{fM}{r}\left[1 + \sum_{n=2}^{\infty}\sum_{m=0}^{n}\left(\frac{a_e}{r}\right)^n(C_{nm}\cos m\lambda + S_{nm}\sin m\lambda)\mathrm{P}(\sin\varphi)\right] \tag{3.6}$$

也可写为

$$U = \frac{fM}{r} - \frac{fM}{r}\sum_{n=2}^{\infty}\left(\frac{a_e}{r}\right)^n J_n\mathrm{P}_n(\sin\varphi) +$$

$$\frac{fM}{r}\sum_{n=2}^{\infty}\sum_{m=1}^{n}\left(\frac{a_e}{r}\right)^n(C_{nm}\cos m\lambda + S_{nm}\sin m\lambda)\mathrm{P}_{nm}(\sin\varphi) \tag{3.7}$$

上两式中,a_e 为地球赤道平均半径;φ、λ 为地心纬度和经度;J_n 为带谐系数,且 $J_n = -C_{n0}$;C_{nm},S_{nm},其中 $n \neq m$ 时,为田谐系数,当 $n = m$ 时为扇谐系数;$\mathrm{P}_n(\sin\varphi)$ 为勒让德函数;$\mathrm{P}_{nm}(\sin\varphi)$ 为缔合勒让德系数。

由式(3.7)可知,如果知道谐系数的值,就可描绘出地球的引力位,事实上,该式之 n 是由 2 至无穷大,要全部给出这些系数是不可能的。但随着空间技术的不断发展,观测数据不断增多,因此,谐系数的求解也日趋完善。美国葛达得

宇航中心发表的地球模型 GEM-10C,就给出了 $n=180$ 的三万多个谐系数。

不同的地球模型,所得到的谐系数有所差异,对于两轴旋转椭球体,且质量分布对于地球及赤道面有对称性,则该椭球体对球外单位质点的引力位 U 为无穷级数,即

$$U = \frac{fM}{r}\left[1 - \sum_{n=1}^{\infty} J_{2n}\left(\frac{a_e}{r}\right)^{2n} P_{2n}(\sin\varphi)\right] \tag{3.8}$$

式中各符号意义同式(3.7),该式中仅存偶阶带谐系数 J_{2n}。

式(3.8)所表示的引力位 U,通常称为正常引力位,考虑到工程实际使用中的精度取至 J_4 即可,则把

$$U = \frac{fM}{r}\left[1 - \sum_{n=1}^{2}\left(\frac{a_e}{r}\right)^{2n} P_{2n}(\sin\varphi)\right] \tag{3.9}$$

取作正常引力位。

由于谐系数与地球模型有关,不同的地球模型下谐系数有差异,但 J_2、J_4 中,前者是统一的,后者差异较小。我国采用十六届测量大会推荐的数值,带谐系数值为

$$J_2 = 1.082\,63 \times 10^{-3}$$

$$J_4 = -2.370\,91 \times 10^{-6}$$

式(3.9)中勒让德函数为

$$P_2(\sin\varphi) = \frac{3}{2}\sin^2\varphi - \frac{1}{2}$$

$$P_4(\sin\varphi) = \frac{35}{8}\sin^4\varphi - \frac{15}{4}\sin^2\varphi + \frac{3}{8}$$

在之后的制导律和控制律设计过程中,均取下式为正常引力位,即

$$U = \frac{fM}{r}\left[1 + J_2\left(\frac{a_e}{r}\right)^2(1 - 3\sin^2\varphi)\right] \tag{3.10}$$

有了势函数后,即可用式(3.1)求取单位质点受地球引力作用的引力加速度 g,由式(3.10)可见正常引力位仅与观测点的距离 r 及地心纬度 φ 有关。因此,引力加速度 g 总是在地球地轴与所考察的空间点构成的平面内,该平面与包含 r 的子午面重合。

对于位于 P 点的单位质点而言,为计算该点的引力加速度矢量,作过 P 点的子午面,令 $\overrightarrow{O_eP}=r$,r 的单位矢量为 r^0,并令在此子午面内垂直 O_eP 且指向 φ 增加方向的单位矢量为 φ^0,则引力加速度 g 在 r^0 及 φ^0 方向的投影(图3.3)分别为

$$\begin{cases} g_r = \dfrac{\partial U}{\partial r} = -\dfrac{fM}{r^2}\left[1 + \dfrac{3}{2}J_2\left(\dfrac{a_e}{r}\right)^2(1 - 3\sin^2\varphi)\right] \\ g_\varphi = \dfrac{1}{r}\dfrac{\partial U}{\partial \varphi} = -\dfrac{fM}{r^2}\dfrac{3}{2}J_2\left(\dfrac{a_e}{r}\right)^2\sin 2\varphi \end{cases} \qquad (3.11)$$

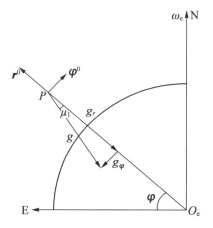

图 3.3 g 在 r^0 及 φ^0 方向上的投影

令 $J = \dfrac{3}{2}J_2$，则

$$\begin{cases} g_r = \dfrac{\partial U}{\partial r} = -\dfrac{fM}{r^2}\left[1 + J\left(\dfrac{a_e}{r}\right)^2(1 - 3\sin^2\varphi)\right] \\ g_\varphi = \dfrac{1}{r}\dfrac{\partial U}{\partial \varphi} = -\dfrac{fM}{r^2}J\left(\dfrac{a_e}{r}\right)^2\sin 2\varphi \end{cases} \qquad (3.12)$$

显见,当上式中不考虑含 J 的项,即得

$$\begin{cases} g_r = -\dfrac{fM}{r} \\ g_\varphi = 0 \end{cases}$$

因此,含 J 的项,即是考虑了地球的扁率后,对作为均质圆球的地球的引力加速度的修正,而且当考虑地球扁率时,还有一个方向总是指向赤道一边的分量 g_φ,这是由于地球的赤道略微隆起,此处质量加大的原因。

为了计算方便,常常把引力加速度投影在矢量 r 与地球自转 $\boldsymbol{\omega}_e$ 方向。显然,这只需要矢量 $\boldsymbol{g}_\varphi$ 分解到 r 及 $\boldsymbol{\omega}_e$ 方向上即可。由图 3.3 可以看出

$$\boldsymbol{g}_\varphi = g_{\varphi r}\boldsymbol{r}^0 + g_{\omega\varphi_e}\boldsymbol{\omega}_e^0 = -g_\varphi \tan\varphi\, \boldsymbol{r}^0 + \dfrac{g_\varphi}{\cos\varphi}\boldsymbol{\omega}_e^0 \qquad (3.13)$$

将式(3.12)中的 g_φ 代入上式可得

$$g_\varphi = 2\frac{fM}{r^2}J\left(\frac{a_e}{r}\right)^2 \sin^2\varphi r^0 - 2\frac{fM}{r^2}J\left(\frac{a_e}{r}\right)^2 \sin\varphi\boldsymbol{\omega}_e^0 \qquad (3.14)$$

这样引起的加速度矢量可以表示成下面的两种形式：

$$\boldsymbol{g} = g_r \boldsymbol{r}^0 + g_\varphi \boldsymbol{\varphi}^0 \qquad (3.15)$$

或

$$\boldsymbol{g} = g_{r\varphi} \boldsymbol{r}^0 + g_{\omega_e}\boldsymbol{\omega}_e^0 \qquad (3.16)$$

其中

$$\begin{cases} g_{r\varphi} = g_r + g_{\varphi r} = -\dfrac{fM}{r^2}\left[1 + J\left(\dfrac{a_e}{r}\right)^2(1 - 5\sin^2\varphi)\right] \\ g_{\omega_e} = g_{\varphi\omega_e} = -2\dfrac{fM}{r^2}J\left(\dfrac{a_e}{r}\right)^2 \sin\varphi \end{cases}$$

由图 3.3 看到引力加速度矢量 $\boldsymbol{g}$ 与该点的矢量 $\boldsymbol{r}$ 的夹角 μ_1 满足

$$\tan\mu_1 = \frac{g_\varphi}{g_r} \qquad (3.17)$$

考虑到 μ_1 很小，近似取 $\tan\mu_1 \approx \mu_1$，将式(3.11)代入上式右端后取至 J 的准确度时，式(3.17)可整理得

$$\mu_1 \approx J\left(\frac{a_e}{r}\right)^2 \sin 2\varphi \qquad (3.18)$$

对于地球为两轴旋转椭球体的情况，其表面任一点满足椭圆方程

$$\frac{x^2}{a_e^2} + \frac{y^2}{b_e^2} = 1$$

设该点地心距为 r_0，则不难将上式写成

$$b_e^2 r_0^2 \cos^2\varphi + a_e^2 r_0^2 \sin^2\varphi = a_e^2 b_e^2$$

即有

$$r_0 = \frac{a_e b_e}{\sqrt{b_e^2\cos^2\varphi + a_e^2\sin^2\varphi}} \qquad (3.19)$$

注意到椭球的扁率为

$$\alpha_e = \frac{a_e - b_e}{a_e}$$

代入式(3.19)得

$$r_0 = \frac{a_e^2(1-\alpha_e)}{\alpha_e\sqrt{(1-\alpha_e)^2\cos^2\varphi + \sin^2\varphi}} = a_e(1-\alpha_e)(1 - 2\alpha_e\cos^2\varphi + \alpha_e^2\cos^2\varphi)^{-\frac{1}{2}}$$

记

$$\chi = 2\alpha_e \cos^2\varphi - \alpha_e^2 \cos^2\varphi$$

因为 χ 为小量,将其代入前式,并按级数展开,则可得两轴旋转体表面上任一点 r_0 与赤道半径 a_e 及该点地心距与赤道平面夹角 φ 之间有下列关系式:

$$r_0 = a_e\left(1 - \alpha_e \sin^2\varphi - \frac{3}{8}\alpha_e^2 \sin^2 2\varphi - \cdots\right) \tag{3.20}$$

已知

$$\alpha_e = \frac{a_e - b_e}{a_e} = \frac{1}{298.257}$$

故当考虑到扁率一阶项时,可将 α_e^2 以上项略去,则有关系式

$$\frac{a_e}{r_0} \approx \frac{1}{1 - \alpha_e \sin^2\varphi}$$

$$\left(\frac{a_e}{r_0}\right)^2 \approx \frac{1}{1 - 2\alpha_e \sin^2\varphi} \approx 1 + 2\alpha_e \sin^2\varphi$$

将结果代入式(3.18),得

$$\mu_{10} = J(1 + 2\alpha_e \sin^2\varphi)\sin 2\varphi$$

J、α_e 均为小量,故在准确至 α_e 量级时,可取

$$\mu_{10} = J\sin 2\varphi \tag{3.21}$$

该 μ_{10} 即为地球为旋转球体的表面一点引力加速度矢量 $\boldsymbol{g}$ 与该点地心矢径 $\boldsymbol{r}$ 的夹角,该角的大小精确至 α_e 量级值。由式(3.21)不难看出,当 $\varphi = \pm 45°$ 时, $|\mu_{10}|$ 取最大值

$$|\mu_{10}| = J = 1.62395 \times 10^{-3} \text{ rad} = 5.6'$$

由图3.3可知,空间任一点引力加速度大小为

$$g = \frac{g_r}{\cos\mu_1}$$

由于 μ_1 很小,取 $\cos\mu_1 \approx 1$,故

$$g = g_r = -\frac{fM}{r^2}\left[1 + J\left(\frac{a_e}{r}\right)^2(1 - 3\sin^2\varphi)\right] \tag{3.22}$$

当 $1 - 3\sin^2\varphi = 0$,即 $\varphi = 35°15'52''$ 时,有

$$g = -\frac{fM}{r^2}$$

将该 φ 角代入式(3.19)、式(3.20),在准确至 α_e 量级时,则有

$$r_0 = a_e\left(1 - \frac{1}{3}\alpha_e\right) = 6\ 371.11\ \text{km}$$

通常将此 r_0 值取作球形引力场时的地球平均半径,记为 R。

3.2.2 重力

如地球外一质量为 m 的质点相对于地球是静止的,该质点受到地球的引力为 $m\boldsymbol{g}$,另由于地球自身在以 $\boldsymbol{\omega}_e$ 角速度旋转,故该质点还受到随同地球旋转而引起的离心惯性力,将该质点所受到的引力和离心惯性力之和称为该质点所受到的重力,记为 $m\boldsymbol{g}'$,则

$$m\boldsymbol{g}' = m\boldsymbol{g} + m\boldsymbol{a}'_e \tag{3.23}$$

其中 $\boldsymbol{a}'_e = -\boldsymbol{\omega}_e \times (\boldsymbol{\omega}_e \times \boldsymbol{r})$ 称为离心加速度。

空间一点的离心惯性加速度 $\boldsymbol{a}'_e$ 在该点与地轴组成的子午面内,并与地轴垂直指向球外。将其分解到 $\boldsymbol{r}^0$ 及 $\boldsymbol{\varphi}^0$ 方向,其大小分别记为 a'_{er}、$a'_{e\varphi}$,则可得

$$\begin{cases} a'_{er} = r\omega_e^2 \cos^2\varphi \\ a'_{e\varphi} = -r\omega_e^2 \sin\varphi\cos\varphi \end{cases} \tag{3.24}$$

显然,$\boldsymbol{g}'$ 同属于 $\boldsymbol{a}'_e$、$\boldsymbol{g}$ 所在的子午面内,将式(3.11)与式(3.24)代入式(3.23)即可得到重力加速度 $\boldsymbol{g}'$ 在该子午面内 $\boldsymbol{r}^0$ 及 $\boldsymbol{\varphi}^0$ 方向的分量为

$$\begin{cases} g'_r = -\dfrac{fM}{r^2}\left[1 + J\left(\dfrac{a_e}{r}\right)^2(1 - 3\sin^2\varphi)\right] + r\omega_e^2\cos^2\varphi \\ g'_\varphi = -\dfrac{fM}{r^2}J\left(\dfrac{a_e}{r}\right)^2\sin 2\varphi - r\omega_e^2\cos\varphi\sin\varphi \end{cases} \tag{3.25}$$

将上式经过整理可得如下形式:

$$\begin{cases} g'_r = -\dfrac{fM}{r^2}\left[1 + J\left(\dfrac{a_e}{r}\right)^2(1 - 3\sin^2\varphi) - q\left(\dfrac{r}{a_e}\right)^3\right]\cos^2\varphi \\ g'_\varphi = -\dfrac{fM}{r^2}\left[J\left(\dfrac{a_e}{r}\right)^2 + \dfrac{q}{2}\left(\dfrac{r}{a_e}\right)^3\right]\sin 2\varphi \end{cases} \tag{3.26}$$

其中,$q = \dfrac{a_e\omega_e^2}{fM/a_e^2}$ 为赤道上离心加速度与引力加速度之比。将 a_e、ω_e、fM 值代入可算得 $q = 3.461\ 4 \times 10^{-3} = 1.032\ 4\alpha_e$。可见 q 与 α_e 是同量级的参数。

由图 3.4 可见,空间 P 点的重力加速度矢量在过该点的子午面内,$\boldsymbol{g}'$ 的指向不通过地心,即 $\boldsymbol{g}'$ 与 $\boldsymbol{r}$ 之间有一夹角 μ,该角可用

$$\tan\mu = \frac{g'_\varphi}{g'_r}$$

算得。

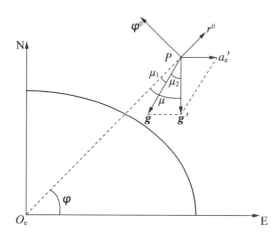

图 3.4 地球外一点的重力加速度示意图

当考虑到 μ 角很小，上式左端近似为 μ，而右端在准确到 α_e 量级时可展开得到

$$\mu \approx J\left(\frac{a_e}{r}\right)^2 \sin 2\varphi + \frac{q}{2}\left(\frac{r}{a_e}\right)^3 \sin 2\varphi \tag{3.27}$$

式 (3.27) 右端第一项即为 μ_1，它是 $\boldsymbol{g}$ 与 $\boldsymbol{r}$ 的夹角；第二项为 μ_2，这是由于有离心加速度存在而造成 $\boldsymbol{g}'$ 与 $\boldsymbol{g}$ 之间的夹角，则式 (3.27) 可记为

$$\mu = \mu_1 + \mu_2$$

当将地球形状视为一两轴旋转椭球体时，在椭球表面上任一点的重力垂线即为椭球面上过该点的法线。如图 3.5 所示，该法线从再入点 O 到地轴交点 M 的长度 OM，称为椭球面上 O 点的卯酉半径，记为 N，M 称为卯酉中心。N 与赤道平面的夹角记为 B，即为地理纬度。而 M 与椭球中心 O_e 之间的距离为 O_eM。由于椭球面上各点的法线不指向同一中心，故 M 点是沿地轴移动的，即 O_eM 的长度与 O 点在椭球面上的位置有关。

再入点 O 所在子午面的椭圆曲线方程为

$$\frac{x^2}{a_e^2} + \frac{y^2}{b_e^2} = 1$$

则过 O 点的椭圆法线斜率为

$$\tan B_0 = -\frac{\mathrm{d}x}{\mathrm{d}y} = \frac{y}{x}\frac{a_e^2}{b_e^2}$$

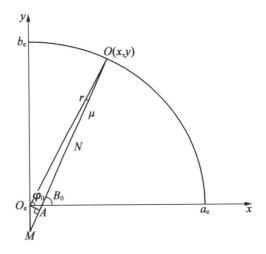

图 3.5 地球表面一点卯酉半径示意图

而过 O 点的矢径 r 与赤道平面的夹角为地心纬度 φ_0,由图 3.5 可知

$$\tan \varphi_0 = \frac{y}{x}$$

则地理纬度 B_0 与地心纬度 φ_0 之间有下列严格关系:

$$\tan B_0 = \frac{a_e^2}{b_e^2}\tan \varphi_0 \tag{3.28}$$

当知道 B_0、φ_0 中任一参数值,即可准确求得另一个参数值,从而可求得

$$\mu_0 = B_0 - \varphi_0 \tag{3.29}$$

由图 3.5 可知,过 O_e 作 OM 的垂线 O_eA,并注意到 μ 为一微量,则有

$$O_e M = \frac{O_e A}{\cos B_0} = \frac{r_0 \mu_0}{\cos B_0} \tag{3.30}$$

将 $b_e = a_e(1-\alpha_e)$ 代入式(3.28),并精确到 α_e 量级时,有

$$\tan B_0 - \tan \varphi_0 = 2\alpha_e \tan \varphi_0$$

由于

$$\tan B_0 - \tan \varphi_0 = \frac{\sin(B_0 - \varphi_0)}{\cos B_0 \cos \varphi_0}$$

则得

$$\sin(B_0 - \varphi_0) = 2\alpha_e \sin \varphi_0 \cos B_0$$

注意到式(3.29)且考虑到 μ 很小,故有

$$\mu_0 = \alpha_e \sin 2B_0 = 2r_0 \alpha_e \sin \varphi_0 \tag{3.31}$$

不难看出,在椭球面上,当 $\varphi = \pm 45°$ 时,μ 取最大值,即
$$\mu_{0\max} = \alpha_e = 11.5'$$

将式(3.31)代入式(3.30)可得
$$O_e M = 2r_0 \alpha_e \sin B_0 = 2r_0 \alpha_e \sin \varphi_0 \tag{3.32}$$

此时卯酉半径 N 为
$$N = a_e(1 + \alpha_e \sin^2 B_0) \tag{3.33}$$

将式(3.20)代入上式,略去 α_e^2 以上各项,则得
$$N = a_e(1 + \alpha_e \sin^2 B_0) \tag{3.34}$$

由上式可见:在赤道上,$N = a_e$;在非赤道面上任一点的卯酉半径均大于赤道半径,最大的卯酉半径是两极点处的值,为 $a_e(1 + \alpha_e)$。

空间任一点的重力加速度大小为
$$g' = \frac{g'_r}{\cos \mu}$$

在准确到 μ 量级时,可取 $\cos \mu = 1$,则
$$g' \approx g'_r = -\frac{fM}{r^2}\left[1 + J\left(\frac{a_e}{r}\right)^2(1 - 3\sin^2\varphi) - q\left(\frac{r}{a_e}\right)^3\cos^2\varphi\right] \tag{3.35}$$

第4章

空气动力及力矩

4.1 地球大气

虽然地球大气的全部质量大约仅为地球质量的百万分之一,但是大气对火箭的动力飞行弹道、近地卫星运行轨道和各种再入飞行器运动弹道均有较大的影响。这是因为任何物体只要有相对于大气的运动都会产生空气动力,故需介绍一些有关大气特性的基本知识。

为了讨论大气的一般特性,比较方便的办法是根据大气的温度分布,把它分成几层。

1. 对流层

对流层为大气的最底层,它的底面是地面,顶部所在高度在赤道地区约为 18 km,在两极地区只有 8 km 左右。在对流层中集中了整个大气层质量的 75% 左右及水汽的 95%。该层是大气变化最复杂的层次,一些大气现象,如风、云、雾、雷暴、积冰等均出现在这一层中。

2. 平流层

平流层范围高度在 11 km 上下到 50 km 上下。由高度 11 km 上下到 30 km 上下,称为同温层。在同温层中,大气从太阳吸收的热量等于散射的热量,温度几乎保持不变,对流运动比对流层显著减弱,整层的气流比较平稳。而高度在 30~50 km 这一区间,因存在臭氧,故称臭氧层。因臭氧对太阳辐射的波长在 $0.2~0.3~\mu m$ 的短波紫外线的吸收能力强,越接近太阳吸收能力越强,在这种辐射作用下,臭氧发生分解,产生热量,使臭氧层温度随着高度的增加而增加。在整个平流层中,随着高度的升高,大气的密度和压力一直是下降的,如在 50 km 处的值,只有地球表面处相应值的 0.08%。

3. 中间层

中间层的高度在 50~90 km 范围内。该层内温度随高度增加而下降,原因之一是臭氧浓度降低为零,另一原因是在该层内没有使温度变化的放热化学反应。

4. 电离层

电离层大约从 50 km 高度起,延伸到地球上空数百千米处。其特点是空气成分被强烈地电离,因而有大量的自由电子存在。由于该层内空气密度已经很低,自由电子与正离子不会很快复合。因此,即使在夜间不存在产生电离的太阳辐射,电离层还继续存在。

5. 热成层

热成层是高度为 90~500 km 的区域。该层内温度随着高度的增加急剧升高,到达 300~500 km 处,温度就达到所谓的外逸层,在此高度以上,分子动力温度保持不变,热成层的大气状况受太阳活动的剧烈影响,在太阳扰动期间,太阳的紫外线辐射和微粒子增强,使得大气压强、密度和平均分子量有较明显的变化。

6. 外逸层

外逸层高度处于 500 km 以上。这时空气密度极低,在 1 000 km 处,密度小于 $10^{-13}~kg/m^3$,此时作用在飞行器的空气动力基本上可以略去不计。

大气密度随高度变化不同而不同,具体情况可以参见相关的文献[18],也可参见本书第 5 章的相关内容。

4.2 空气动力

再入飞行器和其他物体一样,当其相对于大气运动时,大气会在其表面形成作用力。当再入飞行器在大气层内高速运动时,如何确定作用在其上的空气动力是一个颇为复杂的问题,很难通过理论计算准确确定。目前是用空气动力学理论进行计算与空气动力实验校正相结合的方法,空气动力实验是在一定马赫数的均匀气流的风洞中进行的。马赫数是气流速度 v 与声速 a 的比值。在实验时,将按比例缩小了的实物模型静止放置于风洞内,然后使气流按一定的马赫数吹过此模型,通过测量此模型所受的空气动力并进行适当的换算后,求得实物在此马赫数下所受的空气动力。

各分力可以按照下式计算:

$$\begin{cases} X_1 = C_{x1}\dfrac{1}{2}\rho v^2 S_M = C_{x1}qS_M \\ Y_1 = C_{y1}\dfrac{1}{2}\rho v^2 S_M = C_{y1}qS_M \\ Z_1 = C_{z1}\dfrac{1}{2}\rho v^2 S_M = C_{z1}qS_M \end{cases} \tag{4.1}$$

式中,v 为飞行器相对大气的速度;ρ 为大气密度;S_M 为最大横截面面积,亦称特征面积;q 为动压,$q = \dfrac{1}{2}\rho v^2$;C_{x1}、C_{y1}、C_{z1} 依次为轴向力系数、法向力系数和横向力系数,均为无因次量。

4.2.1 阻力和阻力系数

再入飞行器受到的阻力 X 可以表示为

$$X = X_1 \cos\beta\cos\alpha + Y_1 \cos\beta\sin\alpha - Z_1 \sin\beta \tag{4.2}$$

将 X_1 分为两部分:一部分是 $\alpha = 0$、$\beta = 0$ 时产生的轴向力 X_{10},另一部分是 $\alpha \neq 0$、$\beta \neq 0$ 时引起的阻力增量 ΔX_1,即

$$X_1 = X_{10} + \Delta X_1$$

将其代入式(4.2)得

$$X = X_{10}\cos\beta\cos\alpha + Y_1\cos\beta\sin\alpha - Z_1\sin\beta + \Delta X_1\cos\beta\cos\alpha \tag{4.3}$$

考虑到飞行过程中,α、β 值均较小,且升力和法向力、侧力和横向力各系数分别为 α 和 β 的线性函数

$$\begin{cases} C_y = C_y^\alpha \alpha, & C_z = C_z^\beta \beta \\ C_{y1} = C_{y1}^\alpha \alpha, & C_{z1} = C_{z1}^\beta \beta \end{cases} \tag{4.4}$$

又因再入飞行器是一轴对称体,按力的定义,有

$$C_{y1}^\alpha = -C_{z1}^\beta, \quad C_y^\alpha = -C_z^\beta \tag{4.5}$$

则式(4.2)可近似为

$$X = X_{10} + Y_1^\alpha(\alpha^2 + \beta^2) + \Delta X_1 \qquad (4.6)$$

记

$$X_i = Y_1(\alpha^2 + \beta^2) + \Delta X_1 \qquad (4.7)$$

称 X_i 为迎角和侧滑角引起的诱导阻力,则

$$X = X_{10} + X_i \qquad (4.8)$$

将阻力写成系数形式,则有关系式

$$C_x = C_{x10} + C_{xj} \qquad (4.9)$$

其中,C_{x10} 为 $\alpha = 0$、$\beta = 0$ 时的阻力系数,它与 α 和 β 无关,仅是马赫数和高度的函数。除了与气体黏性系数 μ 和飞行器最大横截面面积 S_M 有关,还与 v/l(v 为气体速度、l 为飞行器表面长度)成正比,即

$$C_{X1f} = \frac{X_{1f}}{qS_M} \propto \frac{\mu}{\rho v l} \qquad (4.10)$$

由此可见,在一定的 M 下,随着高度增加大气密度在减小,则 C_{X1f} 增加,这就增大了摩擦阻力在总空气动力中所占的比重,故阻力系数即随高度增加而增加。

C_{xi} 为诱导阻力系数,通常只需对法向力和横向力在阻力方向的分量做一修正即可,故计算时用

$$C_{xi} = KC_{y1}^\alpha(\alpha^2 + \beta^2) \qquad (4.11)$$

其中,K 为与飞行器形状有关的系数。

4.2.2 升力和升力系数

升力表达式为

$$Y = Y_1 \cos\alpha - X_1 \sin\alpha \qquad (4.12)$$

而升力系数则为

$$C_y = C_{y1} \cos\alpha - (C_{x10} + C_{xi}) \sin\alpha$$

考虑到 α 很小,且 $C_{xi}\alpha$ 可略而不计,则升力系数可近似为

$$C_y = C_{y1} - C_{x10}\alpha \qquad (4.13)$$

在 α 较小时,法向力系数为 α 的线性函数,则可得

$$C_y^\alpha = C_{y1}^\alpha - C_{x10} \qquad (4.14)$$

C_y^α 随高度变化很小,一般可不予考虑。通常空气动力资料只给 $C_y^\alpha(M)$ 曲线或数据。

4.2.3 侧向力和侧向力系数

侧向力表达式为

$$Z = X_1 \cos\alpha \sin\beta + Y_1 \sin\alpha \sin\beta + Z_1 \cos\beta \tag{4.15}$$

因 α、β 是微量,在略去二阶以上微量时,上式可简化为

$$Z = X_1 \beta + Z_1 \tag{4.16}$$

同理可得侧向力系数为

$$C_z = C_{x10}\beta + C_{z1} \tag{4.17}$$

侧向力系数对 β 的导数为

$$C_z^\beta = C_{x10} + C_{z1}^\beta \tag{4.18}$$

注意到式(4.5),上式可写为

$$C_z^\beta = C_{x10} + C_{y1}^\alpha \tag{4.19}$$

4.3 空气动力矩

再入飞行器相对于大气运动时,由于其结构具有对称性,故作用在飞行器表面的气动力合力 $\boldsymbol{R}$ 的作用点位于飞行器纵轴 x_1 上,该作用点称为压力中心,或简称压心。

在研究再入飞行器质心运动时,往往将气动力合力 $\boldsymbol{R}$ 简化到质心(即重心)上,因此就产生一空气动力矩,这种力矩称为稳定力矩,记为 $\boldsymbol{M}_{st}$。另外,当飞行器相对于大气转动时,大气对其产生阻尼作用。该作用力矩称为阻尼力矩,记为 $\boldsymbol{M}_d$。

4.3.1 稳定力矩

由于通常以弹体坐标系来描述飞行器的转动。因此,用空气动力对弹体坐标系三轴之矩来表示气动力矩。

已知 $\boldsymbol{R} = \boldsymbol{X}_1 + \boldsymbol{Y}_1 + \boldsymbol{Z}_1$,而质心与压心的距离矢量可表示为 $(x_p - x_g)\boldsymbol{x}_1^0$,$x_p$、$x_g$ 分别为压心、质心至飞行器头部理论尖端的距离,均以正值表示。则稳定力矩为

$$\boldsymbol{M}_{st} = \boldsymbol{R} \times (x_p - x_g)\boldsymbol{x}_1^0 = Z_1(x_p - x_g)\boldsymbol{y}_1^0 - Y_1(x_p - x_g)\boldsymbol{z}_1^0 \tag{4.20}$$

记

$$\begin{cases} M_{y1st} = Z_1(x_p - x_g) = m_{y1st} q S_M l_k \\ M_{z1st} = Y_1(x_p - x_g) = m_{z1st} q S_M l_k \end{cases} \tag{4.21}$$

式中，M_{y1st}、M_{z1st} 分别为绕 y_1、z_1 轴的稳定力矩值；m_{y1st}、m_{z1st} 为相应的力矩系数；l_k 为飞行器的长度。

由式(4.21)可见

$$\begin{cases} M_{y1st} = \dfrac{Z_1(x_p - x_g)}{qS_M l_k} = C_{z1}^{\alpha}(\bar{x}_g - \bar{x}_p)\beta \\ M_{z1st} = \dfrac{Y_1(x_p - x_g)}{qS_M l_k} = C_{y1}^{\alpha}(\bar{x}_g - \bar{x}_p)\alpha \end{cases} \quad (4.22)$$

式中，$\bar{x}_g = \dfrac{x_g}{l_k}$；$\bar{x}_p = \dfrac{x_p}{l_k}$。

又记

$$m_{y1}^{\beta} = \dfrac{\partial m_{y1st}}{\partial \beta} = C_{y1}^{\alpha}(\bar{x}_g - \bar{x}_p) \quad (4.23)$$

显然有

$$m_{z1}^{\alpha} = m_{y1}^{\beta} \quad (4.24)$$

由以上讨论可得稳定力矩最终计算公式为

$$\begin{cases} M_{y1st} = m_{y1}^{\beta} qS_M l_k \beta \\ M_{z1st} = m_{z1}^{\alpha} qS_M l_k \alpha \\ m_{y1}^{\beta} = m_{z1}^{\alpha} = C_{y1}^{\alpha}(\bar{x}_g - \bar{x}_p) \end{cases} \quad (4.25)$$

显然，稳定力矩的计算与质心和压心的位置有关。压心的位置是通过气动力计算和风洞实验确定的，可通过具体的质量分布计算得到。

4.3.2 阻尼力矩

飞行器在运动中有转动时，存在有大气的阻尼，表现为阻止转动的空气动力矩，此力矩称为阻尼力矩。该力矩的方向总是与转动方向相反，对转动角速度起阻尼作用。

以飞行器绕 z_1 轴旋转为例，若飞行器在迎角为零状态下以速度 v 飞行，并以角速度 ω_{z1} 绕 z_1 轴旋转，则在距质心 $x_g - x$ 处的一个单元长度 $\mathrm{d}x$ 上有线速度 $(x_g - x)\omega_{z1}$，该线速度与火箭运动速度 v 组合成新的速度，这就造成局部迎角 $\Delta\alpha$。

$$\tan \Delta\alpha = \dfrac{\omega_{x1}(x - x_g)}{v} \quad (4.26)$$

因 $\Delta\alpha$ 很小，可近似为

第4章 空气动力及力矩

$$\Delta\alpha = \frac{\omega_{x1}(x - x_g)}{v} \tag{4.27}$$

$\Delta\alpha$ 的出现则会造成对质心的附加力矩为

$$\mathrm{d}M_{z1d} = -C_{y1\mathrm{sec}}^{\alpha}\Delta\alpha q S_M(x - x_g)\mathrm{d}x \tag{4.28}$$

其中,$C_{y1\mathrm{sec}}^{\alpha}$ 为长度方向上某一单位长度上的法向力系数对 α 的导数。

将飞行器各局部的空气动力矩总和起来,即可求得俯仰阻尼力矩为

$$M_{z1d} = \int_0^{l_k} C_{y1\mathrm{sec}}^{\alpha}\Delta\alpha q S_M(x_g - x)\mathrm{d}x$$

将式(4.27)代入上式,经过整理可得

$$M_{z1d} = m_{z1}^{\bar{\omega}_{z1}} q S_M l_k \bar{\omega}_{z1} \tag{4.29}$$

式中,$\bar{\omega}_{z1} = \dfrac{l_k\omega_{z1}}{v}$ 称为无因次俯仰角速度;$m_{y1}^{\bar{\omega}_{z1}} = -\int_0^{l_k} C_{y1\mathrm{sec}}^{\alpha}\left(\dfrac{x_g - x}{l}\right)^2 \mathrm{d}x$ 称为俯仰阻尼力矩系数导数。

同理可得偏航阻尼力矩及其滚动阻尼力矩

$$M_{y1d} = m_{y1}^{\bar{\omega}_{y1}} q S_M l_k \bar{\omega}_{y1} \tag{4.30}$$

其中,$\bar{\omega}_{y1} = \dfrac{l_k\omega_{y1}}{v}$ 为无因次偏航角速度;$m_{y1}^{\bar{\omega}_{y1}}$ 为偏航阻尼力矩系数导数,由于飞行器具有对称性,故有 $m_{y1}^{\bar{\omega}_{y1}} = m_{z1}^{\bar{\omega}_{z1}}$。

$$M_{x1d} = m_{x1}^{\bar{\omega}_{x1}} q S_M l_k \bar{\omega}_{x1} \tag{4.31}$$

式中,$\bar{\omega}_{x1} = \dfrac{l_k\omega_{x1}}{v}$ 为无因次滚动角速度;$m_{x1}^{\bar{\omega}_{x1}}$ 为滚动阻尼力矩系数导数。

第 5 章

变质心再入飞行器数学模型

本章重点研究变质心再入飞行器的数学模型,包括质心运动模型、绕质心运动模型、辅助模型,并在数学模型基础上进一步研究变质心再入飞行器的运动特性。本章中的再入飞行器数学模型建立方法,主要针对单滑块变质心再入飞行器进行阐述,经过适当的推广也可应用于多滑块变质心再入飞行器的建模中。

5.1 变质心再入飞行器质心运动模型

变质心飞行器由壳体和滑块(单一或多个)组成,属于(二)多体系统。其中壳体受到重力、气动力及滑块作用力,滑块受到重力、壳体作用力。由于考虑壳体与滑块间相互作用力为系统内力,故当对变质心再入飞行器受力分析时不考虑壳体与滑块的相互作用。进而可知系统受到外力为气动力和重力。可得到在再入坐标系内的系统动力学模型

$$\dot{\boldsymbol{v}} = \boldsymbol{R}/m_\mathrm{T} + \boldsymbol{g} \tag{5.1}$$

对于单滑块变质心再入飞行器,当滑块相对于壳体的速度为 v_r 时,其绝对速度为

$$\boldsymbol{v} = \boldsymbol{v}_\mathrm{e} + \boldsymbol{v}_\mathrm{r} = \boldsymbol{\omega} \times \boldsymbol{r} + \boldsymbol{v}_\mathrm{r} + \boldsymbol{v}_0 \tag{5.2}$$

其中,$\boldsymbol{\omega}$ 为飞行器转动角速度矢量。

求速度 $\boldsymbol{v}$ 对时间的导数可得

$$\frac{\mathrm{d}\boldsymbol{v}}{\mathrm{d}t} = \frac{\mathrm{d}\boldsymbol{v}_\mathrm{e}}{\mathrm{d}t} + \frac{\mathrm{d}\boldsymbol{v}_\mathrm{r}}{\mathrm{d}t} \tag{5.3}$$

其中

$$\frac{\mathrm{d}\boldsymbol{v}_\mathrm{e}}{\mathrm{d}t} = \boldsymbol{a}_0 + \boldsymbol{\alpha} \times \boldsymbol{r} + \boldsymbol{\omega} \times \boldsymbol{v}_\mathrm{r} + \boldsymbol{\omega} \times (\boldsymbol{\omega} \times \boldsymbol{r})$$

$$\frac{\mathrm{d}\boldsymbol{v}_\mathrm{r}}{\mathrm{d}t} = \boldsymbol{a}_\mathrm{r} + \boldsymbol{\omega} \times \boldsymbol{v}_\mathrm{r}$$

由此可以得到壳体与滑块的相互作用力为

$$\boldsymbol{F} = m_\mathrm{s}(\boldsymbol{a}_0 + \boldsymbol{\alpha} \times \boldsymbol{r} + \boldsymbol{\omega} \times \boldsymbol{v}_\mathrm{r} + \boldsymbol{\omega} \times (\boldsymbol{\omega} \times \boldsymbol{r}) + \boldsymbol{a}_\mathrm{r} + \boldsymbol{\omega} \times \boldsymbol{v}_\mathrm{r}) \tag{5.4}$$

对于单滑块变质心再入飞行器,当将壳体与滑块作用力看作内力时得到系统质心动力学模型为

$$\begin{cases} \dot{v}_x = R_x/m_\mathrm{T} + g_x \\ \dot{v}_y = R_y/m_\mathrm{T} + g_y \\ \dot{v}_z = R_z/m_\mathrm{T} + g_z \end{cases} \tag{5.5}$$

其中,m_T 为飞行器系统总质量。

进而可得单滑块变质心再入飞行器质心运动学模型

$$\begin{cases} \dot{x} = v_x \\ \dot{y} = v_y \\ \dot{z} = v_z \end{cases} \tag{5.6}$$

至此,对于单滑块变质心再入飞行器在再入坐标系下建立质心运动模型完毕。

5.2 变质心再入飞行器绕质心运动模型

根据动量矩定理可得变质心再入飞行器绕质心运动的动力学模型为

$$\frac{\mathrm{d}\boldsymbol{H}}{\mathrm{d}t} = \frac{\partial \boldsymbol{H}}{\partial t} + \boldsymbol{\omega} \times \boldsymbol{H} = \boldsymbol{M} \tag{5.7}$$

其中,$\boldsymbol{H}$ 为再入飞行器的动量矩;$\boldsymbol{M}$ 为合气动力矩。

对于单滑块变质心再入飞行器,其动量矩可表示为

$$\boldsymbol{H} = \boldsymbol{J}_\mathrm{c}\boldsymbol{\omega} + \mu \boldsymbol{r}_{A/O_1} \times \dot{\boldsymbol{r}}_{A/O_1} \tag{5.8}$$

其中,$\boldsymbol{J}_\mathrm{c}$ 为转动惯量矩阵;$\mu = \dfrac{m_\mathrm{s}m_\mathrm{B}}{m_\mathrm{T}}$;$\boldsymbol{r}_{A/O_1}$ 为滑块相对壳体质心距离矢量。

区别于其他种类再入飞行器,变质心再入飞行器由于滑块的运动导致系统质心的变化,从而使得系统转动惯量在飞行过程中具有时变的特点,且由于质心与压心不重合而产生额外的气动力矩,其转动惯量 $\boldsymbol{J}_c$ 和气动力矩 $\boldsymbol{M}$ 可表示为

$$\boldsymbol{J}_c = \begin{bmatrix} J_{11} + \mu z_A^2 & -J_{12} & -\mu x_{\text{offset}} z_A \\ -J_{12} & J_{22} + \mu x_{\text{offset}}^2 + \mu z_A^2 & 0 \\ -\mu x_{\text{offset}} z_A & 0 & J_{33} + \mu x_{\text{offset}}^2 \end{bmatrix} \quad (5.9)$$

$$\boldsymbol{M} = \boldsymbol{M}_0 + \begin{bmatrix} \boldsymbol{i} & \boldsymbol{j} & \boldsymbol{k} \\ x_f - \bar{x} & y_f - \bar{y} & z_f - \bar{z} \\ R_{xb} & R_{yb} & R_{zb} \end{bmatrix} \quad (5.10)$$

其中,$J_{ij}(i,j=1,2,3)$ 为常数,由飞行器结构决定;x_{offset}、z_A 为滑道偏离距离和滑块相对位移;$(\bar{x} \ \bar{y} \ \bar{z})^T$、$(x_f \ y_f \ z_f)^T$ 分别为系统质心和压心位置。

将式(5.8)代入式(5.7)中可得

$$\dot{\boldsymbol{\omega}} = \boldsymbol{J}_c^{-1}(\boldsymbol{M} - \dot{\boldsymbol{J}}_c \boldsymbol{\omega} - \boldsymbol{M}_{\text{extra}}) \quad (5.11)$$

飞行器相对于发射坐标系的转动角速度 $\boldsymbol{\omega}$ 可以表示为三个姿态角的矢量和形式,即

$$\boldsymbol{\omega} = \dot{\boldsymbol{\gamma}} + \dot{\boldsymbol{\psi}} + \dot{\boldsymbol{\vartheta}} \quad (5.12)$$

根据坐标系之间的相互关系,可以得到其标量形式,即

$$\begin{bmatrix} \omega_x \\ \omega_y \\ \omega_z \end{bmatrix} = L(\gamma, \vartheta, \psi) \begin{bmatrix} 0 \\ \dot{\psi} \\ 0 \end{bmatrix} + L(\gamma) \begin{bmatrix} 0 \\ 0 \\ \dot{\vartheta} \end{bmatrix} + \begin{bmatrix} \dot{\gamma} \\ 0 \\ 0 \end{bmatrix} = \begin{bmatrix} \dot{\psi} \sin \vartheta + \dot{\gamma} \\ \dot{\psi} \cos \vartheta \cos \gamma + \dot{\vartheta} \sin \gamma \\ -\dot{\psi} \cos \vartheta \sin \gamma + \dot{\vartheta} \cos \gamma \end{bmatrix}$$

$$(5.13)$$

经变换可以整理得到三个姿态角的微分方程组为

$$\begin{cases} \dfrac{d\psi}{dt} = \omega_y \dfrac{\cos \gamma}{\cos \vartheta} - \omega_z \dfrac{\sin \gamma}{\cos \vartheta} \\ \dfrac{d\vartheta}{dt} = \omega_y \sin \gamma + \omega_z \cos \gamma \\ \dfrac{d\gamma}{dt} = \omega_x - \tan \vartheta (\omega_y \cos \gamma - \omega_z \sin \gamma) \end{cases} \quad (5.14)$$

5.3 变质心再入飞行器辅助模型

为了能够更加精确地刻画变质心控制的再入飞行器,还需要建立以下七个辅助模型。

(1) 速度 v、弹道倾角 θ 和弹道偏角 σ。

假设飞行器的速度大小为 v,则有如下式子成立:

$$v = \sqrt{v_x^2 + v_y^2 + v_z^2} \tag{5.15}$$

当三个方向分速度已知时,可以计算得到弹道倾角 θ 和弹道偏角 σ,其关系如图 5.1 所示。

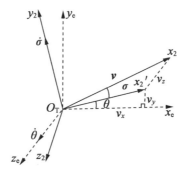

图 5.1 弹道倾角及弹道偏角与速度矢量的关系

可以得到几何关系为

$$\begin{cases} \theta = \arctan(v_y/v_x) \\ \sigma = \arcsin(-v_z/v) \end{cases} \tag{5.16}$$

(2) 飞行高度。

考虑地球为椭球体,飞行器所在位置投影处的地球矢径 R 为

$$R = a(1 - \tilde{a})\sqrt{\frac{1}{\sin^2\varphi_s + (1-\tilde{a})\cos^2\varphi_s}} \tag{5.17}$$

式中,a 为椭球体长半轴长度;$\tilde{a}$ 为椭球体扁率;φ_s 为地心纬度。

飞行器质心与地心的距离 r 为

$$r = \sqrt{x_e^2 + y_e^2 + z_e^2} \tag{5.18}$$

飞行器高度 h 为

$$h = r - R \tag{5.19}$$

（3）大气模型。

在众多大气模型中，本章采用的是较为成熟的大气模型，即美国标准大气模型 USSA76，该模型制定于 1976 年，现已成为航空航天科研领域最为常用的模型。其中，声速为

$$v_{\text{sonic}} = 20.046\,8 \sqrt{T(\text{K})} \quad (\text{m/s}) \tag{5.20}$$

根据几何高度 H 和位势高度 Z 分段计算出 $0 \sim 91$ km 的温度、大气压强和大气密度。其中几何高度 H 和位势高度 Z 的关系式为

$$H = \frac{r_0 Z}{r_0 - Z} \tag{5.21}$$

式中，$r_0 = 6\,356\,766$ m。

（4）射程模型。

在描述飞行器飞行距离方面，采用横程和纵程的定义。设再入时刻飞行器质心与地心的连线与地球表面的交点为 e，即再入坐标系的原点，目标点的位置为 f，相对位置关系如图 5.2 所示。

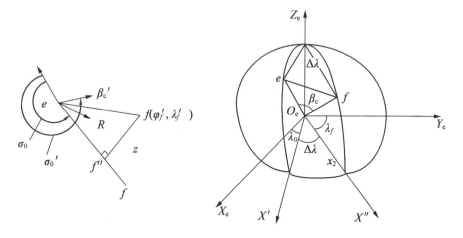

图 5.2　位置关系示意图

令飞行器所在位置点为 f'，则可以得到点 e、点 f 和点 f' 坐标的经纬度表示为 $e(\varphi_0, \lambda_0)$、$f(\varphi_f, \lambda_f)$、$f'(\varphi_f', \lambda_f')$。为了讨论方便，假设地球为圆球体，定义横程 Z 和纵程 R。如图 5.2 所示，ef 是过 e、f 两点的大圆弧，ef' 是过 e、f' 两点的大圆弧。定义 σ_0 是沿 ef 大圆弧切线与正北方向的夹角，σ_0' 是沿 ef' 大圆弧切线与正北方

向的夹角,f'' 是过 f' 垂直于 ef 大圆弧的垂线与 ef 的交点。则称 ef' 为总的射程,ef'' 为从 e 点开始飞过的纵向距离,称为纵程 R,ff'' 为偏离 ef 大圆弧的横向距离,称为横程 Z。计算公式为

$$\sin Z = \sin \beta_c' \sin(\sigma_0 - \sigma_0') \tag{5.22}$$

$$\cos R = \cos \beta_c' / \cos Z \tag{5.23}$$

为了求横程,需要得到 β_c'、σ_0 和 σ_0' 的大小,其计算方法为

$$\cos \beta_c' = \sin \varphi_0 \sin \varphi_f' + \cos \varphi_0 \cos \varphi_f' \cos \Delta\lambda \tag{5.24}$$

$$\sin(2\pi - \sigma_0) = -\sin \sigma_0 = \frac{\cos \varphi_f' \sin \Delta\lambda}{\sin \beta_c} \tag{5.25}$$

其中,$\Delta\lambda = \lambda_f' - \lambda_0$。

(5) 柯氏力模型。

柯氏惯性力表达式如下:

$$\boldsymbol{a}_k = 2\boldsymbol{\omega}_e \times \boldsymbol{V} \tag{5.26}$$

进行叉乘运算展开,得

$$\begin{bmatrix} a_{kx} \\ a_{ky} \\ a_{kz} \end{bmatrix} = \begin{bmatrix} b_{11} & b_{12} & b_{13} \\ b_{21} & b_{22} & b_{23} \\ b_{31} & b_{32} & b_{33} \end{bmatrix} \begin{bmatrix} v_x \\ v_y \\ v_z \end{bmatrix} \tag{5.27}$$

其中

$$b_{11} = b_{22} = b_{33} = 0$$
$$b_{12} = -b_{21} = -2\omega_{ex}$$
$$b_{13} = -b_{31} = -2\omega_{ey}$$
$$b_{23} = -b_{32} = -2\omega_{ez}$$

则柯氏力在再入坐标系下的分量为

$$\begin{bmatrix} F_{kx} \\ F_{ky} \\ F_{kz} \end{bmatrix} = -m \begin{bmatrix} a_{kx} \\ a_{ky} \\ a_{kz} \end{bmatrix} \tag{5.28}$$

(6) 牵连加速度模型。

牵连加速度表达式如下:

$$\boldsymbol{a}_k = \boldsymbol{\omega}_e \times (\boldsymbol{\omega}_e \times \boldsymbol{V}) \tag{5.29}$$

由于

$$\boldsymbol{r} = (x + R_0 x) \boldsymbol{x}^0 + (y + R_0 y) \boldsymbol{y}^0 + (z + R_0 z) \boldsymbol{z}^0$$

可以求出牵连加速度在再入坐标系中的分量形式为

$$\begin{bmatrix} a_{ex} \\ a_{ey} \\ a_{ez} \end{bmatrix} = \begin{bmatrix} a_{11} & a_{12} & a_{13} \\ a_{21} & a_{22} & a_{23} \\ a_{31} & a_{32} & a_{33} \end{bmatrix} \begin{bmatrix} x + R_{0x} \\ y + R_{0y} \\ z + R_{0z} \end{bmatrix} \quad (5.30)$$

其中

$$a_{11} = \omega_{ex}^2 - \omega_e^2$$

$$a_{12} = a_{21} = \omega_{ex}\omega_{ey}$$

$$a_{13} = a_{31} = \omega_{ex}\omega_{ez}$$

$$a_{22} = \omega_{ey}^2 - \omega_e^2$$

$$a_{23} = a_{32} = \omega_{ez}\omega_{ey}$$

$$a_{33} = \omega_{ez}^2 - \omega_e^2$$

则牵连加速度对应的力在再入坐标系下的分量形式为

$$\begin{bmatrix} F_{ex} \\ F_{ey} \\ F_{ez} \end{bmatrix} = -m \begin{bmatrix} a_{ex} \\ a_{ey} \\ a_{ez} \end{bmatrix} \quad (5.31)$$

(7) 联系方程模型。

在飞行器飞行的过程中,坐标系的变换一共涉及了 8 个角度。除了式 (5.14) 中给出的滚转角 γ、偏航角 ψ 以及俯仰角 ϑ,弹道倾角 θ 和弹道偏角 σ 可以通过式 (5.16) 求出。其他的三个角度,即攻角 α、侧滑角 β 和速度滚转角 γ_v 通过坐标变换的几何关系得到。

$$\tan\alpha = -[(-\sin\vartheta\cos\psi\cos\gamma + \sin\psi\sin\gamma)\cos\theta\cos\psi_v + \cos\vartheta\cos\gamma\sin\theta - \\ (\sin\vartheta\sin\psi\cos\gamma + \cos\psi\sin\gamma)\cos\theta\sin\psi_v]/(\cos\vartheta\cos\psi\cos\theta\cos\psi_v + \\ \sin\theta\sin\vartheta + \cos\vartheta\sin\psi\cos\theta\sin\psi_v) \quad (5.32)$$

$$\sin\beta = (\sin\vartheta\cos\psi\sin\gamma + \sin\psi\cos\gamma)\cos\theta\cos\psi_v - \cos\vartheta\sin\gamma\sin\theta - \\ (-\sin\vartheta\sin\psi\sin\gamma + \cos\psi\cos\gamma)\cos\theta\sin\psi_v \quad (5.33)$$

$$\cos\beta = -[(-\sin\vartheta\cos\psi\cos\gamma + \sin\psi\sin\gamma)\cos\theta\cos\psi_v + \cos\vartheta\cos\gamma\sin\theta - \\ (\sin\vartheta\sin\psi\cos\gamma + \cos\psi\sin\gamma)\sin\theta\sin\psi_v]/\sin\alpha \quad (5.34)$$

$$\sin\gamma_v = \sin\alpha(\cos\vartheta\sin\psi\sin\psi_v - \cos\vartheta\sin\psi\cos\psi_v) + \\ \cos\alpha[\sin\psi_v(-\sin\vartheta\cos\psi\cos\gamma + \sin\psi\sin\gamma) + \\ \cos\psi_v(\sin\vartheta\sin\psi\cos\gamma + \cos\psi\sin\gamma)] \quad (5.35)$$

$$\cos\gamma_v = \sin\alpha(-\cos\vartheta\cos\psi\sin\theta\cos\psi_v + \sin\vartheta\cos\theta - \cos\vartheta\sin\psi\sin\theta\sin\psi_v) +$$

$$\cos\alpha[-\sin\theta\cos\psi_v(-\sin\vartheta\cos\psi\cos\gamma+\sin\psi\sin\gamma)+$$
$$\cos\vartheta\cos\gamma\cos\theta+(\sin\vartheta\sin\psi\cos\gamma+\cos\psi\sin\gamma)\sin\theta\sin\psi_v] \quad (5.36)$$

5.4 变质心再入飞行器模型特性分析

根据坐标系定义易知,飞行器质心坐标系是动坐标系,在此,定义系统质心相对于地面发射坐标系的转动角速度,用 ω 表示。则根据动量矩定理有

$$\frac{\mathrm{d}\boldsymbol{H}^c}{\mathrm{d}t} = \frac{\delta\boldsymbol{H}^c}{\delta t} + \boldsymbol{\omega} \times \boldsymbol{H}^c = \boldsymbol{M}^c \quad (5.37)$$

$$\boldsymbol{H}^c = \boldsymbol{I}^c \cdot \boldsymbol{\omega} + \mu_3 \boldsymbol{r}^c_{A_3/O_1} \times \dot{\boldsymbol{r}}^c_{A_3/O_1} \quad (5.38)$$

式中

$$\boldsymbol{I}^c = \begin{bmatrix} I_{11} & I_{12} & I_{13} \\ I_{12} & I_{22} & I_{23} \\ I_{13} & I_{23} & I_{33} \end{bmatrix} \quad (5.39)$$

由于单滑块变质心飞行器仅装有一个 z 向移动的滑块,$\boldsymbol{I}^c$ 的各个分量分别为

$$I_{11} = I^{O_1}_{M_x} + I^{A_3}_{m_{3x}} + \mu_3 x^2_{A_3/p_3}$$

$$I_{12} = -I^{O_1}_{M_{xy}}$$

$$I_{13} = -\mu_3 c x_{A_3/p_3}$$

$$I_{22} = I^{O_1}_{M_y} + I^{A_3}_{m_{3y}} + \mu_3 c^2 + \mu_3 x^2_{A_3/p_3}$$

$$I_{23} = 0$$

$$I_{33} = I^{O_1}_{M_z} + I^{A_3}_{m_{3z}} + \mu_3 c^2$$

根据上述式子可知

$$\frac{\delta\boldsymbol{H}^c}{\delta t} + \boldsymbol{\omega} \times (\boldsymbol{I}^c \cdot \boldsymbol{\omega} + \mu_3 \boldsymbol{r}^c_{A_3/O_1} \times \dot{\boldsymbol{r}}^c_{A_3/O_1}) = \boldsymbol{M}^c \quad (5.40)$$

根据飞行器运动数学模型中的定义可知

$$\boldsymbol{r}^{O_1}_{A_3/O_1} = \begin{bmatrix} x_{A_3/O_1} \\ y_{A_3/O_1} \\ z_{A_3/O_1} \end{bmatrix} = \begin{bmatrix} x_{p_3/O_1} \\ 0 \\ x_{A_3/p_3} \end{bmatrix} = \begin{bmatrix} c \\ 0 \\ x_{A_3/p_3} \end{bmatrix} \quad (5.41)$$

$$\mu_3 = m_3\left(1 - \frac{m_3}{M_T}\right) \quad (5.42)$$

于是,含有单一 z 向移动滑块的单滑块变质心飞行器绕系统质心的动量矩可以表示为

$$\frac{\delta \boldsymbol{H}^c}{\delta t} = \frac{\delta(\boldsymbol{I}^c \cdot \boldsymbol{\omega})}{\delta t} + \frac{\delta(\mu_3 \boldsymbol{r}^c_{A_3/O_1} \times \dot{\boldsymbol{r}}^c_{A_3/O_1})}{\delta t} \tag{5.43}$$

其中

$$\boldsymbol{r}^c_{A_3/O_1} \times \dot{\boldsymbol{r}}^c_{A_3/O_1} = \begin{bmatrix} i & j & k \\ c & 0 & x_{A_3/p_3} \\ 0 & 0 & \dot{x}_{A_3/p_3} \end{bmatrix} = \begin{bmatrix} 0 \\ -c\dot{x}_{A_3/p_3} \\ 0 \end{bmatrix} \tag{5.44}$$

将其代入动量矩表达式中可知

$$\frac{\delta(\mu_3 \boldsymbol{r}^c_{A_3/O_1} \times \dot{\boldsymbol{r}}^c_{A_3/O_1})}{\mathrm{d}t} = \begin{bmatrix} 0 \\ -c\mu_3 \ddot{x}_{A_3/p_3} \\ 0 \end{bmatrix} \tag{5.45}$$

又因为

$$\frac{\delta(\boldsymbol{I}^c \cdot \boldsymbol{\omega})}{\mathrm{d}t} = \frac{\delta \boldsymbol{I}^c}{\delta t} \cdot \boldsymbol{\omega} + \boldsymbol{I}^c \cdot \frac{\mathrm{d}\boldsymbol{\omega}}{\mathrm{d}t} \tag{5.46}$$

再根据 $\boldsymbol{I}^c$ 的表达式,计算得到其导数为

$$\frac{\mathrm{d}\boldsymbol{I}^c}{\mathrm{d}t} = \begin{bmatrix} 2\mu_3 x_{A_3/p_3} \dot{x}_{A_3/p_3} & 0 & -\mu_3 c \dot{x}_{A_3/p_3} \\ 0 & 2\mu_3 x_{A_3/p_3} \dot{x}_{A_3/p_3} & 0 \\ -\mu_3 c \dot{x}_{A_3/p_3} & 0 & 0 \end{bmatrix} \tag{5.47}$$

故

$$\frac{\mathrm{d}\boldsymbol{I}^c}{\mathrm{d}t} \cdot \boldsymbol{\omega} = \begin{bmatrix} 2\mu_3 x_{A_3/p_3} \dot{x}_{A_3/p_3} & 0 & -\mu_3 c \dot{x}_{A_3/p_3} \\ 0 & 2\mu_3 x_{A_3/p_3} \dot{x}_{A_3/p_3} & 0 \\ -\mu_3 c \dot{x}_{A_3/p_3} & 0 & 0 \end{bmatrix} \begin{bmatrix} \omega_x \\ \omega_y \\ \omega_z \end{bmatrix}$$

$$= \begin{bmatrix} 2\mu_3 x_{A_3/p_3} \dot{x}_{A_3/p_3} \omega_x - \mu_3 c \dot{x}_{A_3/p_3} \omega_z \\ 2\mu_3 x_{A_3/p_3} \dot{x}_{A_3/p_3} \omega_y \\ -\mu_3 c \dot{x}_{A_3/p_3} \omega_x \end{bmatrix}$$

$$\boldsymbol{I}^c \cdot \boldsymbol{\omega} = \begin{bmatrix} I_{11} & I_{12} & 0 \\ I_{12} & I_{22} & 0 \\ 0 & 0 & I_{33} \end{bmatrix} \begin{bmatrix} \omega_x \\ \omega_y \\ \omega_z \end{bmatrix} = \begin{bmatrix} I_{11}\omega_x + I_{12}\omega_y \\ I_{12}\omega_x + I_{22}\omega_y \\ I_{33}\omega_z \end{bmatrix}$$

$$\boldsymbol{\omega}\times(\boldsymbol{I}^c\cdot\boldsymbol{\omega})=\begin{bmatrix}i & j & k \\ \omega_x & \omega_y & \omega_z \\ I_{11}\omega_x+I_{12}\omega_y & I_{12}\omega_x+I_{22}\omega_y & I_{33}\omega_z\end{bmatrix}$$

$$=\begin{bmatrix}I_{33}\omega_y\omega_z-I_{12}\omega_x\omega_z-I_{22}\omega_y\omega_z \\ I_{11}\omega_x\omega_z+I_{12}\omega_y\omega_z-I_{33}\omega_x\omega_z \\ I_{12}\omega_x^2+I_{22}\omega_x\omega_y-I_{11}\omega_x\omega_y-I_{12}\omega_y^2\end{bmatrix}$$

$$\boldsymbol{\omega}\times(\mu_3 \boldsymbol{r}_{A_3/O_1}^c\times\dot{\boldsymbol{r}}_{A_3/O_1}^c)=\begin{bmatrix}i & j & k \\ \omega_x & \omega_y & \omega_z \\ 0 & -c\mu\,\dot{x}_{A_3/p_3} & 0\end{bmatrix}=\begin{bmatrix}c\mu\,\dot{x}_{A_3/p_3}\omega_z \\ 0 \\ -c\mu\,\dot{x}_{A_3/p_3}\omega_x\end{bmatrix}$$

于是有

$$\boldsymbol{I}^c\cdot\frac{\mathrm{d}\boldsymbol{\omega}}{\mathrm{d}x}=\boldsymbol{M}^c-\frac{\mathrm{d}\boldsymbol{I}^c}{\mathrm{d}t}\cdot\boldsymbol{\omega}-\frac{\mathrm{d}(\mu_3 \boldsymbol{r}_{A_3/O_1}^c\times\dot{\boldsymbol{r}}_{A_3/O_1}^c)}{\mathrm{d}t}-\boldsymbol{\omega}\times(\boldsymbol{I}^c\cdot\boldsymbol{\omega})-$$
$$\boldsymbol{\omega}\times(\mu_3 \boldsymbol{r}_{A_3/O_1}^c\times\dot{\boldsymbol{r}}_{A_3/O_1}^c) \qquad (5.48)$$

也即

$$\boldsymbol{I}^c\cdot\frac{\mathrm{d}\boldsymbol{\omega}}{\mathrm{d}x}=\begin{bmatrix}M_x \\ M_y \\ M_z\end{bmatrix}-\begin{bmatrix}2\mu_3 x_{A_3/p_3}\dot{x}_{A_3/p_3}\omega_x-c\mu_3\dot{x}_{A_3/p_3}\omega_z \\ 2\mu_3 x_{A_3/p_3}\dot{x}_{A_3/p_3}\omega_y \\ -c\mu_3\dot{x}_{A_3/p_3}\omega_x\end{bmatrix}-\begin{bmatrix}0 \\ -c\mu_3\ddot{x}_{A_3/p_3} \\ 0\end{bmatrix}-$$

$$\begin{bmatrix}I_{33}\omega_y\omega_z-I_{12}\omega_x\omega_z-I_{22}\omega_y\omega_z \\ I_{11}\omega_x\omega_z+I_{12}\omega_y\omega_z-I_{33}\omega_x\omega_z \\ I_{12}\omega_x^2+I_{22}\omega_x\omega_y-I_{11}\omega_x\omega_y-I_{12}\omega_y^2\end{bmatrix}-\begin{bmatrix}c\mu_3\dot{x}_{A_3/p_3}\omega_z \\ 0 \\ -c\mu_3\dot{x}_{A_3/p_3}\omega_x\end{bmatrix} \qquad (5.49)$$

进一步有

$$\boldsymbol{I}^c\cdot\frac{\mathrm{d}\boldsymbol{\omega}}{\mathrm{d}x}=\begin{bmatrix}M_x \\ M_y \\ M_z\end{bmatrix}-\begin{bmatrix}2\mu_3 x_{A_3/p_3}\dot{x}_{A_3/p_3}\omega_x+I_{33}\omega_y\omega_z-I_{12}\omega_x\omega_z-I_{22}\omega_y\omega_z \\ 2\mu_3 x_{A_3/p_3}\dot{x}_{A_3/p_3}\omega_y+c\mu_3\ddot{x}_{A_3/p_3}+I_{11}\omega_x\omega_z+I_{12}\omega_y\omega_z-I_{33}\omega_x\omega_z \\ -2\mu_3 c\dot{x}_{A_3/p_3}\omega_x+I_{12}\omega_x^2+I_{22}\omega_x\omega_y-I_{11}\omega_x\omega_y-I_{12}\omega_y^2\end{bmatrix}$$
$$(5.50)$$

根据滑块运动对飞行器运动的特性分析可知

$$\boldsymbol{M}^c=\boldsymbol{M}_1^c+\boldsymbol{M}_2^c \qquad (5.51)$$

其中

$$\boldsymbol{M}_2^c = \begin{bmatrix} C_{mx}qS_m l_m \\ C_{my}qS_m l_m \\ C_{mz}qS_m l_m \end{bmatrix} \quad (5.52)$$

$$\boldsymbol{M}_1^c = \begin{vmatrix} \boldsymbol{i} & \boldsymbol{j} & \boldsymbol{k} \\ x_f - \bar{x} & y_f - \bar{y} & z_f - \bar{z} \\ R_{cx} & R_{cy} & R_{cz} \end{vmatrix}$$

$$= \begin{bmatrix} (y_f - \bar{y} - \Delta y)R_{cz} - (z_f - \bar{z} - \Delta z)R_{cy} \\ (z_f - \bar{z} - \Delta z)R_{cx} - (x_f - \bar{x} - \Delta x)R_{cz} \\ (x_f - \bar{x} - \Delta x)R_{cy} - (y_f - \bar{y} - \Delta y)R_{cx} \end{bmatrix}$$

$$= \begin{bmatrix} (y_f - \bar{y} - \Delta y)C_z qS_m - (z_f - \bar{z} - \Delta z)C_y qS_m \\ (z_f - \bar{z} - \Delta z)C_x qS_m - (x_f - \bar{x} - \Delta x)C_z qS_m \\ (x_f - \bar{x} - \Delta x)C_y qS_m - (y_f - \bar{y} - \Delta y)C_x qS_m \end{bmatrix} \quad (5.53)$$

若假设压心始终在滑块未移动时的系统质心处，则 $x_f = y_f = z_f = 0$。系统质心在弹壳体坐标系中的位置为

$$\begin{cases} \bar{x} = \dfrac{m_3 x_{A_3/O_1}}{M_T} \\[2mm] \bar{y} = \dfrac{m_3 y_{A_3/O_1}}{M_T} \\[2mm] \bar{z} = \dfrac{m_3 z_{A_3/O_1}}{M_T} \end{cases}$$

于是，有

$$\boldsymbol{M}_1^c = \begin{bmatrix} (y_f - \bar{y} - \Delta y)C_z qS_m - (z_f - \bar{z} - \Delta z)C_y qS_m \\ (z_f - \bar{z} - \Delta z)C_x qS_m - (x_f - \bar{x} - \Delta x)C_z qS_m \\ (x_f - \bar{x} - \Delta x)C_y qS_m - (y_f - \bar{y} - \Delta y)C_x qS_m \end{bmatrix} \quad (5.54)$$

综上可知

$$\boldsymbol{I}^c \cdot \frac{d\boldsymbol{\omega}}{dx} = \boldsymbol{M}^c - \frac{d\boldsymbol{I}^c}{dt} \cdot \boldsymbol{\omega} - \frac{d(\mu_3 \boldsymbol{r}_{A_3/O_1}^c \times \dot{\boldsymbol{r}}_{A_3/O_1}^c)}{dt} - \boldsymbol{\omega} \times (\boldsymbol{I}^c \cdot \boldsymbol{\omega}) - \boldsymbol{\omega} \times (\mu_3 \boldsymbol{r}_{A_3/O_1}^c \times \dot{\boldsymbol{r}}_{A_3/O_1}^c)$$

也即

$$\pmb{I}^c \cdot \frac{\mathrm{d}\pmb{\omega}}{\mathrm{d}x} = \begin{bmatrix} C_{mx}qS_m l_m \\ C_{my}qS_m l_m \\ C_{mz}qS_m l_m \end{bmatrix} + \begin{bmatrix} (y_f - \bar{y} - \Delta y)C_z qS_m - (z_f - \bar{z})C_y qS_m \\ (z_f - \bar{z})C_x qS_m - (x_f - \bar{x})C_z qS_m \\ (x_f - \bar{x})C_y qS_m - (y_f - \bar{y} - \Delta y)C_x qS_m \end{bmatrix} -$$

$$\begin{bmatrix} 2\mu_3 x_{A_3/p_3} \dot{x}_{A_3/p_3} \omega_x - c\mu_3 \dot{x}_{A_3/p_3} \omega_z \\ 2\mu_3 x_{A_3/p_3} \dot{x}_{A_3/p_3} \omega_y \\ -c\mu_3 \dot{x}_{A_3/p_3} \omega_x \end{bmatrix} - \begin{bmatrix} 0 \\ -c\mu_3 \ddot{x}_{A_3/p_3} \\ 0 \end{bmatrix} -$$

$$\begin{bmatrix} I_{33}\omega_y \omega_z - I_{12}\omega_x \omega_z - I_{22}\omega_y \omega_z \\ I_{11}\omega_x \omega_z + I_{12}\omega_y \omega_z - I_{33}\omega_x \omega_z \\ I_{12}\omega_x^2 + I_{22}\omega_x \omega_y - I_{11}\omega_x \omega_y - I_{12}\omega_y^2 \end{bmatrix} - \begin{bmatrix} c\mu \dot{x}_{A_3/p_3} \omega_z \\ 0 \\ -c\mu \dot{x}_{A_3/p_3} \omega_x \end{bmatrix} \quad (5.55)$$

$$\pmb{I}^c \cdot \frac{\mathrm{d}\pmb{\omega}}{\mathrm{d}x} = \begin{bmatrix} C_{mx}qS_m l_m \\ C_{my}qS_m l_m \\ C_{mz}qS_m l_m \end{bmatrix} + \begin{bmatrix} (y_f - \bar{y} - \Delta y)C_z qS_m - (z_f - \bar{z} - \Delta z)C_y qS_m \\ (z_f - \bar{z} - \Delta z)C_x qS_m - (x_f - \bar{x} - \Delta x)C_z qS_m \\ (x_f - \bar{x} - \Delta x)C_y qS_m - (y_f - \bar{y} - \Delta y)C_x qS_m \end{bmatrix} -$$

$$\begin{bmatrix} 2\mu_3 x_{A_3/p_3} \dot{x}_{A_3/p_3} \omega_x + I_{33}\omega_y \omega_z - I_{12}\omega_x \omega_z - I_{22}\omega_y \omega_z \\ 2\mu_3 x_{A_3/p_3} \dot{x}_{A_3/p_3} \omega_y + c\mu_3 \ddot{x}_{A_3/p_3} + I_{11}\omega_x \omega_z + I_{12}\omega_y \omega_z - I_{33}\omega_x \omega_z \\ -2\mu_3 c\dot{x}_{A_3/p_3} \omega_x + I_{12}\omega_x^2 + I_{22}\omega_x \omega_y - I_{11}\omega_x \omega_y - I_{12}\omega_y^2 \end{bmatrix} \quad (5.56)$$

由于 $\Delta z = \Delta x = 0$（x 和 z 方向无质心偏移），$y_{A_3/O_1} = z_{A_3/O_1} = 0$（滑块只沿导轨方向移动），上式可简化为

$$\pmb{I}^c \cdot \frac{\mathrm{d}\pmb{\omega}}{\mathrm{d}x} = \begin{bmatrix} C_{mx}qS_m l_m \\ C_{my}qS_m l_m \\ C_{mz}qS_m l_m \end{bmatrix} + \begin{bmatrix} -\Delta y C_z qS_m + \dfrac{m}{M_T} x_{A_3/p_3} C_y qS_m \\ -\dfrac{m}{M_T} x_{A_3/p_3} C_x qS_m \\ \Delta y C_x qS_m \end{bmatrix} -$$

$$\begin{bmatrix} 2\mu_3 x_{A_3/p_3} \dot{x}_{A_3/p_3} \omega_x + I_{33}\omega_y \omega_z - I_{12}\omega_x \omega_z - I_{22}\omega_y \omega_z \\ 2\mu_3 x_{A_3/p_3} \dot{x}_{A_3/p_3} \omega_y + c\mu_3 \ddot{x}_{A_3/p_3} + I_{11}\omega_x \omega_z + I_{12}\omega_y \omega_z - I_{33}\omega_x \omega_z \\ -2\mu_3 c\dot{x}_{A_3/p_3} \omega_x + I_{12}\omega_x^2 + I_{22}\omega_x \omega_y - I_{11}\omega_x \omega_y - I_{12}\omega_y^2 \end{bmatrix} \quad (5.57)$$

其中

$$\boldsymbol{I}^c = \begin{bmatrix} I_{xx} + \mu_3 x_{A_3/p_3}^2 & -I_{xy} & -\mu_3 c x_{A_3/p_3} \\ -I_{xy} & I_{yy} + \mu_3 x_{A_3/p_3}^2 & 0 \\ -\mu_3 c x_{A_3/p_3} & 0 & I_{zz} \end{bmatrix}$$

$\mathrm{inv}(\boldsymbol{I}^c)$

$$= \begin{bmatrix} I_{xx} + \mu_3 x_{A_3/p_3}^2 & -I_{xy} & -\mu_3 c x_{A_3/p_3} \\ -I_{xy} & I_{yy} + \mu_3 x_{A_3/p_3}^2 & 0 \\ -\mu_3 c x_{A_3/p_3} & 0 & I_{zz} \end{bmatrix}$$

$$= \frac{\begin{bmatrix} (I_{yy} + \mu_3 x_{A_3/p_3}^2) I_{zz} & I_{xy} I_{zz} & \mu_3 c x_{A_3/p_3}(I_{yy} + \mu_3 x_{A_3/p_3}^2) \\ I_{xy} I_{zz} & (I_{xx} + \mu_3 x_{A_3/p_3}^2) I_{zz} - \mu_3^2 c^2 x_{A_3/p_3}^2 & \mu_3 c x_{A_3/p_3} I_{xy} \\ \mu_3 c x_{A_3/p_3}(I_{yy} + \mu_3 x_{A_3/p_3}^2) & \mu_3 c x_{A_3/p_3} I_{xy} & (I_{xx} + \mu_3 x_{A_3/p_3}^2)(I_{yy} + \mu_3 x_{A_3/p_3}^2) - I_{xy}^2 \end{bmatrix}}{(I_{xx} + \mu_3 x_{A_3/p_3}^2)(I_{yy} + \mu_3 x_{A_3/p_3}^2) I_{zz} - I_{xy}^2 I_{zz} - \mu_3^2 c^2 x_{A_3/p_3}^2 (I_{yy} + \mu_3 x_{A_3/p_3}^2)}$$

根据上述公式,可知飞行器姿态运动角加速度的表达式为

$$\frac{\mathrm{d}\boldsymbol{\omega}}{\mathrm{d}x} = \mathrm{inv}(\boldsymbol{I}^c) \cdot \boldsymbol{M}^c - \mathrm{inv}(\boldsymbol{I}^c) \frac{\mathrm{d}\boldsymbol{I}^c}{\mathrm{d}t} \cdot \boldsymbol{\omega} - \mathrm{inv}(\boldsymbol{I}^c) \frac{\mathrm{d}(\mu_3 \boldsymbol{r}_{A_3/O_1}^c \times \dot{\boldsymbol{r}}_{A_3/O_1}^c)}{\mathrm{d}t} -$$
$$\mathrm{inv}(\boldsymbol{I}^c) \cdot \boldsymbol{\omega} \times (\boldsymbol{I}^c \cdot \boldsymbol{\omega}) - \mathrm{inv}(\boldsymbol{I}^c) \cdot \boldsymbol{\omega} \times (\mu_3 \boldsymbol{r}_{A_3/O_1}^c \times \dot{\boldsymbol{r}}_{A_3/O_1}^c) \quad (5.58)$$

也即

$$\frac{\mathrm{d}\boldsymbol{\omega}}{\mathrm{d}x} = \mathrm{inv}(\boldsymbol{I}^c) \cdot \begin{bmatrix} C_{mx} q S_m l_m \\ C_{my} q S_m l_m \\ C_{mz} q S_m l_m \end{bmatrix} + \mathrm{inv}(\boldsymbol{I}^c) \cdot \begin{bmatrix} (y_f - \bar{y} - \Delta y) C_z q S_m - (z_f - \bar{z} - \Delta z) C_y q S_m \\ (z_f - \bar{z} - \Delta z) C_x q S_m - (x_f - \bar{x} - \Delta x) C_z q S_m \\ (x_f - \bar{x} - \Delta x) C_y q S_m - (y_f - \bar{y} - \Delta y) C_x q S_m \end{bmatrix} -$$

$$\mathrm{inv}(\boldsymbol{I}^c) \cdot \begin{bmatrix} 2\mu_3 x_{A_3/p_3} \dot{x}_{A_3/p_3} \omega_x - c\mu_3 \dot{x}_{A_3/p_3} \omega_z \\ 2\mu_3 x_{A_3/p_3} \dot{x}_{A_3/p_3} \omega_y \\ -c\mu_3 \dot{x}_{A_3/p_3} \omega_x \end{bmatrix} - \mathrm{inv}(\boldsymbol{I}^c) \cdot \begin{bmatrix} 0 \\ -c\mu_3 \ddot{x}_{A_3/p_3} \\ 0 \end{bmatrix} -$$

$$\mathrm{inv}(\boldsymbol{I}^c) \cdot \begin{bmatrix} I_{33} \omega_y \omega_z - I_{12} \omega_x \omega_z - I_{22} \omega_y \omega_z \\ I_{11} \omega_x \omega_z + I_{12} \omega_y \omega_z - I_{33} \omega_x \omega_z \\ I_{12} \omega_x^2 + I_{22} \omega_x \omega_y - I_{11} \omega_x \omega_y - I_{12} \omega_y^2 \end{bmatrix} - \mathrm{inv}(\boldsymbol{I}^c) \cdot \begin{bmatrix} c\mu \dot{x}_{A_3/p_3} \omega_z \\ 0 \\ -c\mu \dot{x}_{A_3/p_3} \omega_x \end{bmatrix}$$

进一步整理后,可得

$$\frac{d\boldsymbol{\omega}}{dx} = \text{inv}(\boldsymbol{I}^c) \cdot \begin{bmatrix} C_{mx}qS_m l_m \\ C_{my}qS_m l_m \\ C_{mz}qS_m l_m \end{bmatrix} + \text{inv}(\boldsymbol{I}^c) \cdot \begin{bmatrix} -\Delta y C_z q S_m + \bar{z} C_y q S_m \\ -\bar{z} C_x q S_m \\ \Delta y C_x q S_m \end{bmatrix} -$$

$$\text{inv}(\boldsymbol{I}^c) \cdot \begin{bmatrix} 2\mu_3 x_{A_3/p_3} \dot{x}_{A_3/p_3} \omega_x + I_{33}\omega_y\omega_z - I_{12}\omega_x\omega_z - I_{22}\omega_y\omega_z \\ 2\mu_3 x_{A_3/p_3} \dot{x}_{A_3/p_3} \omega_y + c\mu_3 \ddot{x}_{A_3/p_3} + I_{11}\omega_x\omega_z + I_{12}\omega_y\omega_z - I_{33}\omega_x\omega_z \\ -2\mu_3 c\dot{x}_{A_3/p_3}\omega_x + I_{12}\omega_x^2 + I_{22}\omega_x\omega_y - I_{11}\omega_x\omega_y - I_{12}\omega_y^2 \end{bmatrix}$$

再结合飞行器绕质心转动的运动学方程

$$\begin{cases} \dfrac{d\psi}{dt} = \omega_{y1}\dfrac{\cos\gamma}{\cos\vartheta} - \omega_{z1}\dfrac{\sin\gamma}{\cos\vartheta} \\ \dfrac{d\vartheta}{dt} = \omega_{y1}\sin\gamma + \omega_{z1}\cos\gamma \\ \dfrac{d\gamma}{dt} = \omega_{x1} - \tan\vartheta(\omega_{y1}\cos\gamma - \omega_{z1}\sin\gamma) \end{cases} \quad (5.59)$$

可知,姿态运动模型是一个非线性耦合模型,考虑到单滑块变质心飞行器的稳定性分析重点在于滚转通道,将上述模型进一步简化得到

$$\begin{cases} \dfrac{d\gamma}{dt} = \omega_{x1} - \tan\vartheta(\omega_{y1}\cos\gamma - \omega_{z1}\sin\gamma) \\ \dot{\omega}_{x1} = \dfrac{1}{I_{xx}}(C_{mx}qS_m l_m - \Delta y C_z q S_m + 2\mu_3 x_{A_3/p_3} \dot{x}_{A_3/p_3} \omega_x + I_{33}\omega_y\omega_z - I_{12}\omega_x\omega_z - I_{22}\omega_y\omega_z) + \\ \qquad \Delta f + \dfrac{1}{I_{xx}}\dfrac{m}{M_T} x_{A_3/p_3} C_y q S_m \end{cases}$$

$$(5.60)$$

其中,Δf 为滑块运动引起的通道间耦合、姿态运动数学模型中的气动交叉耦合、惯性耦合和模型参数不确定性引起的综合影响。当分析静稳定性时,不考虑滑块运动的影响,模型可以进一步简化为

$$\dot{\omega}_{x1} = \frac{1}{I_{xx}}(C_{mx}qS_m l_m + I_{33}\omega_y\omega_z - I_{12}\omega_x\omega_z - I_{22}\omega_y\omega_z) \quad (5.61)$$

从上式可见,滚转通道的静稳定性受到偏航和俯仰通道的影响。若偏航和俯仰通道为静稳定的,则其不会影响到滚转通道,否则会对滚转通道的稳定性产生影响。进一步忽略这两个通道的影响,则模型可以进一步简化为

$$\dot{\omega}_{x1} = \frac{1}{I_{xx}} C_{mx} q S_m l_m$$

此时，滚转通道的静稳定性只与 C_{mx} 的符号有关，当 $C_{mx}<0$ 时，滚转通道静稳定。

相比于传统的气动舵控制、侧喷发动机控制再入飞行器，单滑块变质心再入飞行器因其执行器在飞行器内部，因此具有热烧蚀少、利于小型化等优点。但是，单一滑块仅能对滚转通道进行直接控制的局限性为其制导控制方法的研究带来了诸多困难。本节将结合前面建立的数学模型对该类再入飞行器特点进行分析，并结合开环仿真结果给出在制导控制规律设计过程中需要解决的相关问题。

1. 强耦合特性

强耦合特性主要体现在绕质心运动模型部分。首先，由绕质心运动学模型可以发现，任意一个通道姿态角的微分方程中均至少包含两个方向上的角速度信息。因此，在进行某一通道姿态角控制器的设计过程中应考虑其他通道的影响，减少由于某一方向角速度过大而产生角度响应曲线的发散，进而由于螺旋效应影响飞行器稳定性。其次，由绕质心运动动力学模型可以看出，相比于对称再入飞行器，单滑块变质心再入飞行器由于滑块运动导致转动惯量矩阵时变且除主对角线元素外存在非零项，这也在求取转动惯量逆矩阵过程中产生了额外的耦合项。另外，考虑到动量矩中包含滑块运动速度，滑块运动的动态过程也会对飞行器绕质心运动产生影响。因而结合以上分析可知，为了实现对滚转通道的控制，需要在控制器设计中考虑控制过程中控制量的变化对其他两个通道的影响以及寻求在快速、精确跟踪与系统稳定间的平衡。另外，对于滚转角指令幅值及其速度也需要在制导系统设计中加以考虑，减少由于过快变化的制导指令带来跟踪指令过程中执行器输入饱和、状态量变化剧烈而对飞行器稳定性造成不利影响。

2. 多约束特性

单滑块变质心再入飞行器制导控制规律设计中的多约束特性主要来源于两个方面：物理系统实际存在的约束和为了提高性能而产生的约束。前者包括：由于滑块所在滑道长度有限带来的执行器输入幅值约束，由于滑块驱动电机有限的功率而产生的执行器最大加速度约束，由于飞行器壳体有限的承受能力产生的最大过载约束、动压约束等。后者则主要包括为了满足再入任务需求而产生的落角约束、落速散布等。由于这些约束的存在，在制导控制方法的研究过程中需要对其进行分析并提出相应的策略。此外，除了以上提到的由外界因素或设计需求带来的"硬约束"外,还需要在设计过程中人为设定一些"软约束"。这里提到的"软约束"主要来源于两个方面,一方面来源于设计所需裕度需求,例如在设计俯冲段制导方法仅考虑终端精度时需要约束制导指令速度,以便为后续考虑落角约束、落速散布、跟踪机动目标点的制导方法研究留出足够的裕度;另一方面则是来源于飞行器稳定性或平衡需求间矛盾时增加的约束,例如,在研究制导控制一体化方法时,为了在降低滑块运动对飞行器稳定性影响与提高终端精度间寻求平衡,需要对控制量幅值、速率等加以约束。相比于在设计之初就可以确定的"硬约束","软约束"需要根据实际情况进行动态调整,甚至在短暂时间段可以超出约束范围。结合上述分析可知,在制导、控制方法研究过程中应充分考虑各类约束,并设计相应的策略加以满足。

下面对上述特性进行分析。为了得到在不同飞行高度处滑块运动对滚转通道的控制能力及对其他通道响应的影响,仿真过程中设定不同初始飞行高度及不同幅值的阶跃信号作为滑块的位置指令 z_{A0},得到 6 种初始飞行高度 – 滑块位置指令幅值组合,如表 5.1 所示。

表 5.1 初始飞行高度 – 滑块位置指令幅值

组合	初始飞行高度/m	滑块位置指令幅值/m
1	70 000.0	0
2	70 000.0	0.1
3	50 000.0	0
4	50 000.0	0.1
5	30 000.0	0
6	30 000.0	0.1

开环仿真结果如图 5.3、图 5.4 所示。由开环仿真结果可以发现,当滑块不移动时,不能提供足够的滚转运动控制力矩,进而导致滚转角速度较低。但是由于气动力矩 M 和通道间的耦合作用,三个通道的旋转角速度不为 0。并且受到滑道位置的影响,俯仰通道比其他两个通道的旋转运动更加明显。

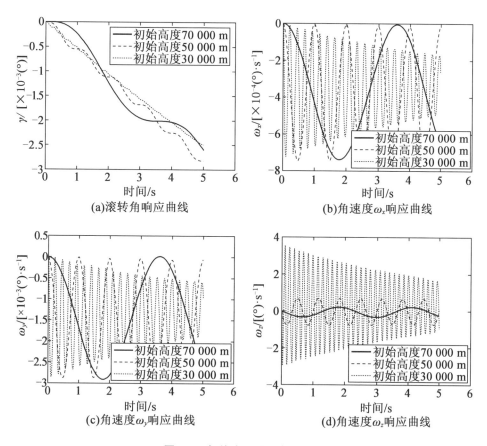

图 5.3　幅值为 0 时状态量曲线

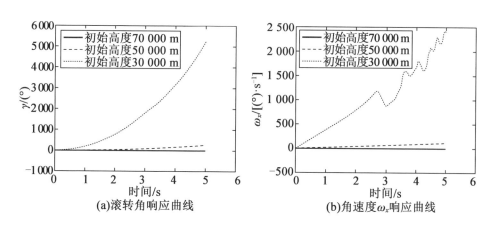

图 5.4　幅值为 0.1 m 时状态量曲线

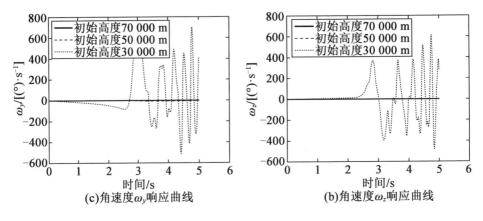

续图 5.4

当滑块位置指令为幅值 0.1 m 的阶跃信号时，由于不同高度处气动力大小有所不同，滑块运动提供的滚转控制能力也随之变化，其规律为：同样幅值的滑块偏移在飞行高度较低的区间会提供更大的控制能力，同时控制能力的提高也会导致滚转角速度的增大，使得飞行器以高速旋转的方式运动。但是，过高的滚转角速度也会通过通道间的耦合导致另外两个通道的剧烈运动，影响飞行器的稳定性。

不同滑块位置幅值指令下，时变转动惯量矩阵元素及其导数如图 5.5 所示，结合转动惯量矩阵各元素计算公式可知，再入过程中时变的转动惯量矩阵元素为 J_x、J_y 及 J_{xz}。尽管由于飞行器参数 x_{offset}，当滑块位置 z_A 达到 0.1 m 时各元素幅值变化不大，但是由其导数曲线可知，在驱动电机的作用下，滑块的快速、剧烈运动会导致各元素导数变化较为明显。尤其考虑到实际飞行中在制导律、控制律作用下滑块位置指令难以恒定为常值，也会使得飞行器转动惯量矩阵元素变化更加显著，并在各通道间耦合作用下影响飞行器姿态，增加了控制律的设计难度。

综合上述开环仿真结果，可以归纳出单滑块变质心再入飞行器制导控制方法研究中需要考虑的两个问题：(1) 在飞行高度较高的阶段，由于大气稀薄不能提供足够的控制力矩，在制导方法的研究过程中需要考虑输出指令幅值的约束，避免造成由于控制能力不足，滚转角跟踪效果差导致飞行过程中制导精度低的问题。同时在控制方法的研究过程中，需要在保证稳态跟踪精度的同时提高动态响应品质，实现在快速跟踪的同时降低或消除超调量。(2) 在飞行高度较低的阶段，飞行器通过高速旋转的方式消除侧向偏差，提高终端精度。但由于高速的旋转会对飞行器稳定性造成影响,需要在制导方法的研究过程中权衡飞行器稳定性与制导精度,在保证系统稳定的前提下提高制导精度。

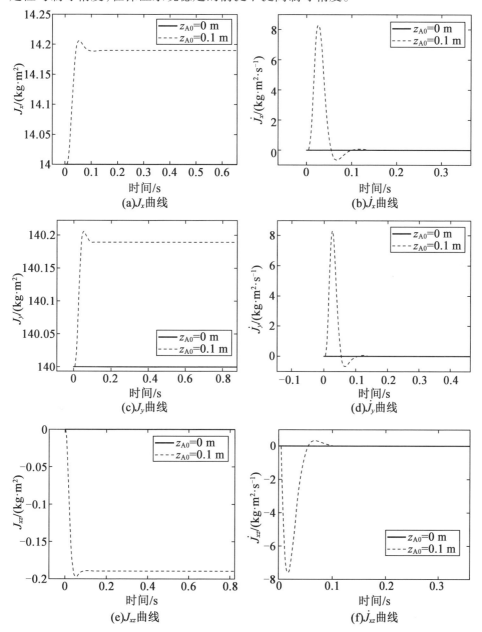

图 5.5　时变转动惯量元素及其导数

第 6 章

变质心再入飞行器制导律

在建立变质心再入飞行器质心运动模型的基础上,为了使飞行器能够达到预期运动状态或精确命中目标,便需要进行制导律的设计。根据飞行器在不同高度环境所受气动力的大小,采用了分段的形式进行制导律总体设计,即高空段制导设计与低空段制导设计。常见的制导设计方法包括预测 – 校正法和标准轨迹跟踪法,本章主要以单滑块变质心再入飞行器为例,进行制导律的设计与分析。

6.1 标准轨迹设计方法

当飞行器处于高空阶段时大气密度低,提供的控制能力有限,直接采用寻的制导的方法会增加设计难度,难以实现目的。通常采用的是标准轨迹跟踪法或预测 – 校正法。而前者由于可以离线计算,避免了由于预测 – 校正在线计算更新的耗时长、实时性差的问题,得到了广泛的重视和应用。

在设计标准轨迹的过程中,主要是对设计所需的终端条件和过程约束进行考虑,并将其加入标准轨迹设计中。终端条件主要包括射程、终端速度、终端弹道倾角、偏角等。过程约束则包括了过载、动压、拟平衡滑翔条件等。为了得到满足过程约束的标准轨迹,需要将上述约束进行转化,得到高度 – 速度曲线满足的范围,即再入走廊。其示意图如图 6.1 所示。

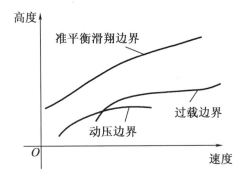

图 6.1　再入飞行走廊示意图

根据再入走廊限定的区域，即可得到初步的设计范围。进而通过曲线拟合的方法，即可得到对应射程、终端速度等约束的高度－速度曲线。在此基础之上，根据简化的设计模型，反算出标准轨迹对应的滚转角指令值 γ_c。

6.2　标准轨迹跟踪方法

由于飞行器在再入过程中受到过载、动压及热流等因素的约束，因此为了得到满足约束的标准再入轨迹，需要在高度－速度平面内将上述约束进行转换，得到相应的再入走廊，最后根据实际的射程需要设计合理的高度－速度曲线。由于单滑块变质心再入飞行器仅有滚转通道可控，制导指令仅为滚转角 $\gamma(t)$，因此需要根据所设计的标准轨迹高度－速度曲线转换为滚转角指令 $\gamma_c(t)$。

然而，由于飞行器在再入过程中存在气动力系数、大气密度等因素的不确定性，因此实际的飞行轨迹与标准轨迹存在较大的偏差，影响了制导的精度。因此，需要在实际飞行过程中对制导指令进行修正。

考虑飞行器再入过程纵向动力学模型：

$$\begin{cases} \dfrac{\mathrm{d}v}{\mathrm{d}t} = -C_D \dfrac{\rho v^2}{2m} S - g\sin\theta \\ \dfrac{\mathrm{d}\theta}{\mathrm{d}t} = \dfrac{C_L}{C_D} C_D \dfrac{\rho v S}{2m} + \left(\dfrac{v}{r} - \dfrac{g}{v}\right)\cos\theta \\ \dfrac{\mathrm{d}r}{\mathrm{d}t} = v\sin\theta \\ \dfrac{\mathrm{d}R}{\mathrm{d}t} = \dfrac{v}{r}\cos\theta \end{cases} \quad (6.1)$$

其中，v 为飞行器速度；C_D、C_L 为气动力系数；ρ 为大气密度；θ 为当地弹道倾角；r 为从地心指向飞行器的向量的模；R 为飞行器飞过的纵程。

将式(6.1)在平衡点处进行线性化，可以得到

$$\begin{cases} \Delta \dot{v} = a_{11} \Delta v + a_{12} \Delta \theta + a_{13} \Delta h \\ \Delta \dot{\theta} = a_{21} \Delta v + a_{22} \Delta \theta + a_{23} \Delta h + b \Delta (C_L/C_D) \\ \Delta \dot{h} = a_{31} \Delta v + a_{32} \Delta \theta \\ \Delta \dot{R} = a_{41} \Delta v + a_{42} \Delta \theta + a_{43} \Delta h \end{cases} \tag{6.2}$$

其中

$$\begin{cases} a_{11} = -C_D \rho v S/m - [\rho v^2 S/(2ma)](dC_D/dM) \\ a_{12} = -g\cos\theta \\ a_{13} = [\rho v^3 S/(2ma^2)](dC_D/dM)(da/dh) - \\ \qquad [C_D v^2 S/(2m)](d\rho/dh) + (2g/r)\sin\theta \\ a_{21} = (C_L/C_D)_0 [C_D \rho v S/(2m)] + (g/v^2 + 1/r)\cos\theta + \\ \qquad (C_L/C_D)_0 [\rho v S/(2ma)](dC_D/dM) \\ a_{22} = (g/v - v/r)\sin\theta \\ a_{23} = -(C_L/C_D)_0 [\rho v^2 S/(2ma^2)](dC_D/dM)(da/dh) + \\ \qquad (C_L/C_D)_0 C_D [vs/(2m)](d\rho/dh) + [2g/(vr) + v/r^2]\cos\theta \\ a_{31} = \sin\theta \\ a_{32} = v\cos\theta \\ a_{41} = (r_f/r)\cos\theta \\ a_{42} = -(r_f v/r)\sin\theta \\ a_{43} = -(r_f v/r^2)\cos\theta \\ b = C_D \rho v S/(2m) \end{cases}$$

考虑切向过载并将其线性化

$$n_x = \frac{C_D \rho v^2 S}{2mg_0} \tag{6.3}$$

$$\Delta n_x = a_{51} \Delta v + a_{53} \Delta h \tag{6.4}$$

其中

$$\begin{cases} a_{51} = -C_D \rho v S/(mg_0) - \rho v^2 S/(2mg_0 a)(dC_D/dM) \\ a_{53} = [\rho v^3 S/(2mg_0 a^2)](dC_D/dM)(da/dh) - [C_D v^2 S/(2mg_0)](d\rho/dh) \end{cases} \tag{6.5}$$

从而得到线性化后的系统

$$\frac{d\boldsymbol{X}}{dt} = \boldsymbol{GX} + \boldsymbol{HU}$$

其中

$$\boldsymbol{X} = [\Delta n_x \quad \Delta \dot{h} \quad \Delta R \quad \Delta \dot{R}]^T$$
$$\boldsymbol{U} = \Delta(C_L/C_D)_0$$
$$\boldsymbol{G}_{4\times4} = \boldsymbol{C}_{4\times3} \cdot \boldsymbol{B}_{3\times4}$$
$$\boldsymbol{H}_{4\times1} = [0 \quad a_{32}b \quad 0 \quad a_{42}b]^T$$

为了求取制导指令修正值，取性能指标

$$J = \frac{1}{2}\boldsymbol{X}^T(t_f)\boldsymbol{F}\boldsymbol{X}^T(t_f) + \frac{1}{2}\int_{t_0}^{t_f}(\boldsymbol{X}^T\boldsymbol{QX} + \boldsymbol{U}^T\boldsymbol{RU})dt \tag{6.6}$$

其中，$\boldsymbol{F}$、$\boldsymbol{Q}$ 为非负定矩阵；$\boldsymbol{R}$ 为正定阵。

利用极小值原理，哈密尔顿函数为

$$H_u = \frac{1}{2}\boldsymbol{X}^T\boldsymbol{QX} + \frac{1}{2}\boldsymbol{U}^T\boldsymbol{RU} + \boldsymbol{\lambda}^T\boldsymbol{GX} + \boldsymbol{\lambda}^T\boldsymbol{HU} \tag{6.7}$$

其共轭方程及横截条件为

$$\dot{\boldsymbol{\lambda}} = -\frac{\partial H_u}{\partial \boldsymbol{X}} = -\boldsymbol{G}^T\boldsymbol{\lambda} - \boldsymbol{QX} \tag{6.8}$$

$$\boldsymbol{\lambda}(t_f) = \boldsymbol{FX}(t_f) \tag{6.9}$$

进而将最优问题转化为求取 Riccati 微分方程问题，即

$$\begin{cases} \dfrac{d\boldsymbol{P}}{dt} = -\boldsymbol{PG} - \boldsymbol{G}^T\boldsymbol{P} + \boldsymbol{PHR}^{-1}\boldsymbol{H}^T\boldsymbol{P} - \boldsymbol{Q} \\ \boldsymbol{P}(t_f) = \boldsymbol{F} \end{cases} \tag{6.10}$$

最终得到最佳反馈增益系数和制导指令修正值为

$$\boldsymbol{K} = -\boldsymbol{R}^{-1}\boldsymbol{H}^T\boldsymbol{P} = [k_1 \quad k_2 \quad k_3 \quad k_4]^T \tag{6.11}$$

$$\Delta\boldsymbol{\gamma} = k_1\Delta n_x + k_2\Delta\dot{h} + k_3\Delta R + k_4\Delta\dot{R} \tag{6.12}$$

通过以上过程，可以实现在飞行过程中对标准轨迹的跟踪，提高再入制导过程的鲁棒性。

6.3 滚转制导律

单滑块变质心再入飞行器仅有滚转通道可以直接控制,具有欠驱动的特点,建立以下相对运动模型。

如图 6.2 所示,M 为飞行器质心位置,T 为目标位置。为了直观描述弹目相对运动关系,引入以下定义:

(1) 误差角 η。定义飞行器速度矢量 V 与弹目连线矢量 l 夹角为误差角。

(2) 误差角平面 $O_1 - PQN$。定义由速度矢量 V 与弹目连线矢量 l 构成的平面为误差角平面。

(3) 误差角坐标系 $O_1 - X_v Y_v Z_v$。原点 O_1 为飞行器质心;$O_1 X_v$ 轴与速度矢量 V 重合;$O_1 Y_v$ 轴在误差平面内,且与 $O_1 X_v$ 轴垂直;$O_1 Z_v$ 轴与 $O_1 X_v$ 轴、$O_1 Y_v$ 轴构成右手坐标系。

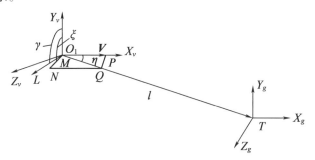

图 6.2 飞行器–目标点相对运动模型

弹目连线矢量 l 在误差坐标系表示为

$$l = (l\cos\eta, l\sin\eta, 0)^T \tag{6.13}$$

将 l 在误差坐标系下求导:

$$\dot{l} + \boldsymbol{\omega} \times l = -V \tag{6.14}$$

式 (6.14) 中矢量在误差坐标系下表示为

$$\begin{cases} V = (V, 0, 0)^T \\ \boldsymbol{\omega} = (\sin\theta\,\dot{\psi}_V + \dot{\xi},\ \cos\xi\cos\theta\,\dot{\psi}_V + \sin\xi\,\dot{\theta},\ -\sin\xi\cos\theta\,\dot{\psi}_V + \cos\xi\,\dot{\theta})^T \\ \dot{l} = (\dot{l}\cos\eta - l\sin\eta\,\dot{\eta},\ \dot{l}\sin\eta + l\cos\eta\,\dot{\eta}, 0)^T \end{cases} \tag{6.15}$$

由于弹道倾角 θ 和弹道偏角 ψ_V 满足

$$\dot{\theta} = \frac{L}{mV}\cos\gamma_V + \frac{g_y}{V} \tag{6.16}$$

$$\dot{\psi}_V = -\frac{L}{mV}\sin\gamma_V \sec\theta - \frac{g_z}{V}\sec\theta \tag{6.17}$$

将式(6.16)、式(6.17)代入式(6.15),得到弹目相对运动关系数学模型为

$$\begin{cases} \dot{l} = -V\cos\eta \\ \dot{\eta} = \frac{V\sin\eta}{l} - \frac{L}{mV}\cos(\gamma_v - \xi) - \frac{g_z\sin\xi}{V} - \frac{g_y\cos\xi}{V} \\ \dot{\xi} = \frac{L\sin\gamma_v}{mV}\tan\theta + \cot\eta\frac{L}{mV}\sin(\xi - \gamma_v) - \frac{\cot\eta\cos\xi}{V}g_z + \frac{\cot\eta\sin\xi}{V}g_y \end{cases} \tag{6.18}$$

由式(6.18)可知,当误差角 η 收敛于零时,飞行器速度矢量与弹目连线矢量重合,从而飞行器能够精确击中目标。因此设计滑模面满足

$$S = \eta \tag{6.19}$$

$$\dot{S} = kS \tag{6.20}$$

其中,k 为制导指令,满足 $k < 0$。

结合式(6.18)~(6.20),即可得到制导指令

$$\gamma_V = \begin{cases} \xi & (\chi > 1) \\ \xi \pm \arccos\chi & (|\chi| \leq 1) \\ \xi + \pi & (\chi < -1) \end{cases} \tag{6.21}$$

其中,$\chi = \frac{mV}{L}\left(\frac{V\sin\eta}{l} - \frac{g_z\sin\xi}{V} - \frac{g_y\cos\xi}{V} - k\eta\right)$。

6.4 考虑目标点机动的改进滚转制导律

6.4.1 机动目标点加速度估计

考虑地面运动的目标点,假设每一时刻飞行器−目标连线矢量 l 在再入坐标系表示为 (l_x, l_y, l_z) 已知,则目标点运动满足

$$\begin{cases} \dot{l}_x = V_{tx} - V_x \\ \ddot{l}_x = a_{tx} - a_x \end{cases} \tag{6.22}$$

$$\begin{cases} \dot{l}_z = V_{tz} - V_z \\ \ddot{l}_z = a_{tz} - a_z \end{cases} \quad (6.23)$$

式中,a_x、a_z 为飞行器加速度在再入坐标系 Ox、Oz 轴分量;a_{tx}、a_{tz} 为机动目标点在再入坐标系 Ox、Oz 轴分量。

由于目标点加速度解析形式未知,可以使用扩张状态观测器(ESO)对其进行观测。以 x 方向为例,进行 ESO 设计。令 $x_1 = l_x, x_2 = \dot{l}_x, x_3 = a_{tx}$,得到扩张系统

$$\begin{cases} \dot{x}_1 = x_2 \\ \dot{x}_2 = a_x - x_3 \\ \dot{x}_3 = w(t) \end{cases} \quad (6.24)$$

设计扩张状态观测器

$$\begin{cases} e = z_1 - x_1 \\ f_e = \mathrm{Fal}(e, a, \delta) \\ f_{e1} = \mathrm{Fal}\left(e, \dfrac{a}{2}, \delta\right) \\ \dot{z}_1 = z_2 - \beta_{01} e \\ \dot{z}_2 = a_x - z_3 - \beta_{02} f_e \\ \dot{z}_3 = -\beta_{03} f_{e1} \end{cases} \quad (6.25)$$

式中,非线性函数 $\mathrm{Fal}(\cdot)$ 表示为

$$\mathrm{Fal}(e, a, \delta) = \begin{cases} \dfrac{e}{\delta^{a-1}} & (|e| \leq \delta) \\ |e|^a \mathrm{sgn}(e) & (|e| > \delta) \end{cases}$$

其中,$\mathrm{sgn}(\cdot)$ 为符号函数;δ、a 为观测器参数。

进而可以得到当前时刻目标点加速度的估计值 $\hat{a}_{tx}$ 和速度的估计值 $\hat{V}_{tx}$。同理,可以得到目标点在再入坐标系 Oz 方向上的加速度估计值 $\hat{a}_{tz}$ 和速度估计值 $\hat{V}_{tz}$。

6.4.2 机动目标点模型预测

假设飞行器再入过程中接近目标时,忽略速度的变化量,则由式(6.18)可得剩余飞行时间 T_{go} 近似表示为

$$T_{go} = \frac{l}{V\cos\eta} \tag{6.26}$$

将式(6.22)离散化,可以得到目标点在再入坐标系 x 方向位置满足

$$\begin{cases} x_1(k+1) = x_1(k) + x_2(k)h \\ x_2(k+1) = x_2(k) + \hat{x}_3(k)h \end{cases} \tag{6.27}$$

进而可以得到离散后的状态方程为

$$x(k) = \boldsymbol{A}x(k) + \boldsymbol{b}\,\hat{a}_x(k) \tag{6.28}$$

式中,$\boldsymbol{A} = \begin{bmatrix} 1 & h \\ 1 & 0 \end{bmatrix}$;$\boldsymbol{b} = \begin{bmatrix} 0 \\ h \end{bmatrix}$;$\hat{a}_x$ 为目标点加速度估计值序列。

取步长 $h = \dfrac{T_{go}}{10}$,可以得到预测的目标点沿再入坐标系 x 轴方向分量为

$$\hat{x}_T = \boldsymbol{A}^{10}x_T + \sum_{i=0}^{9} \boldsymbol{A}^i \boldsymbol{B}\,\hat{a}_x(i) \tag{6.29}$$

式中,$\hat{x}_T$ 为虚拟目标点沿再入坐标系 x 轴分量;x_T 为当前时刻目标点沿再入坐标系 x 轴分量。

同理可以得到预测的目标点沿再入坐标系 z 轴方向分量为

$$\hat{z}_T = \boldsymbol{A}^{10}z_T + \sum_{i=0}^{9} \boldsymbol{A}^i \boldsymbol{B}\,\hat{a}_z(i) \tag{6.30}$$

式中,$\hat{z}_T$ 为虚拟目标点沿再入坐标系 Oz 轴分量;z_T 为当前时刻目标点沿再入坐标系 Oz 轴分量。

本节提出的针对地面机动目标点的制导律中,采用虚拟目标点代替实际目标点,加入到制导律设计中。为了减小由于目标点加速度变化对预测精度的影响,采用滚动更新的方式。具体流程如图6.3所示。

6.4.3 考虑目标点机动制导律设计

在得到目标点位置信息预测值的基础上,将预测信息加入到制导律设计中,进而得到考虑目标点机动的制导律。

相似于静止目标点制导律形式,可以得到针对机动目标点情况下的制导律表达形式为

$$\gamma_V = \begin{cases} \xi & (\chi > 1) \\ \xi + \arccos\chi & (|\chi| \leqslant 1) \\ \xi + \pi & (\chi < -1) \end{cases} \tag{6.31}$$

式中,$\chi = \dfrac{mV}{L}\left(\dfrac{V\sin\eta}{l} - \dfrac{g_z\sin\xi}{V} - \dfrac{g_y\cos\xi}{V} - k\eta\right)$。

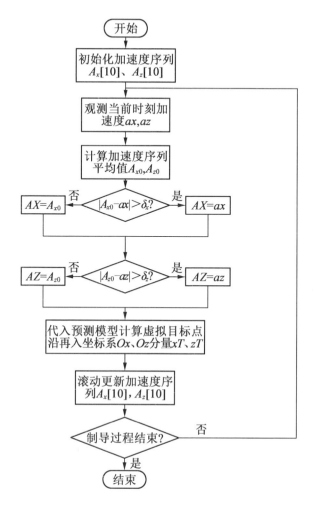

图 6.3　目标点机动估计流程图

为了说明以上提到的制导律,下面以仿真的形式加以说明。仿真初始条件及重要参数表示如表 6.1 所示。

表 6.1　仿真初始条件及重要参数表示

高度/m	50 000.0
纬度/(°)	0.0
经度/(°)	0.0

续表6.1

速度/(m·s^{-1})	5 600.0
弹道倾角/(°)	−10.0
弹道偏角/(°)	0.0
目标点高度/m	0.0
目标点纬度/(°)	6.2
目标点经度/(°)	0.0

为了进行对比,在式(6.6)的基础上引入衰减系数 β 得到代价函数为

$$J = \frac{1}{2}e^{2\beta t}\boldsymbol{X}^{\mathrm{T}}(t_f)\boldsymbol{F}\boldsymbol{X}(t_f) + \frac{1}{2}\int_{t_0}^{t_f}e^{2\beta t}(\boldsymbol{X}^{\mathrm{T}}\boldsymbol{Q}\boldsymbol{X} + \boldsymbol{U}^{\mathrm{T}}\boldsymbol{R}\boldsymbol{U})\mathrm{d}t \qquad (6.32)$$

如图 6.4 所示,飞行器在高空段主要以常值的滚转角指令为主,通过改变制导指令的符号,在一定程度上可以减小由于飞行器滚转而造成的侧向偏差。而在低空段,飞行器在气动力作用下高速旋转,进而到达目标。在系统存在摄动的情况下,由于采用了基于指数衰减的 LQR 控制器(EDLQR),因此对标准轨迹进行跟踪。如图 6.5 和图 6.6 所示,相比于直接采用 LQR 控制器,采用指数衰减形式可以有效地实现标准轨迹跟踪,减小状态量偏差。但从图 6.7 可以发现,这种方法对于制导指令要求较高,控制量增量较大。最后,为了验证系统的鲁棒性,分别在升力、阻力偏差 ±10%、±15% 范围内取值,进行了蒙特卡洛试验,得到落点分布如图 6.8 所示。可以发现落点偏差分布在 4~13 m 之间,具有较高的制导精度。

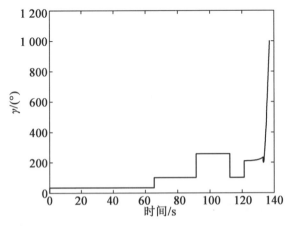

图 6.4 滚转角响应曲线

第6章 变质心再入飞行器制导律

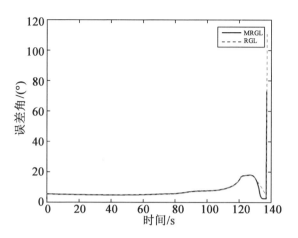

图 6.5 误差角响应曲线

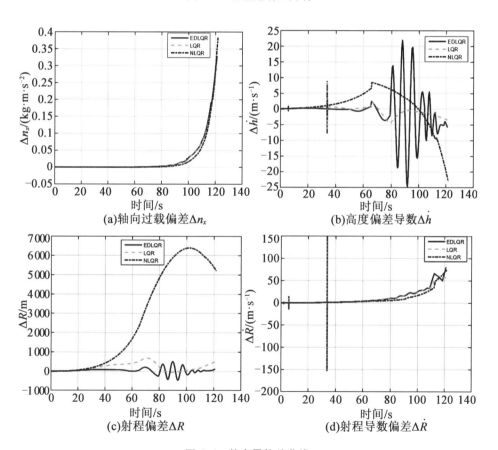

(a) 轴向过载偏差 Δn_x

(b) 高度偏差导数 $\Delta \dot{h}$

(c) 射程偏差 ΔR

(d) 射程导数偏差 $\Delta \dot{R}$

图 6.6 状态量偏差曲线

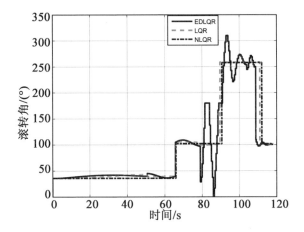

图 6.7 滚转角响应曲线

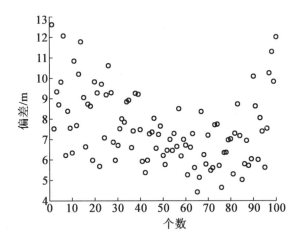

图 6.8 落点分布

下面进行机动目标情况下的仿真分析。分别考虑目标点匀速运动、匀加速运动及正弦运动的形式,验证制导律的制导效果,目标点机动情况如下:

情况 1,地面机动目标点匀速运动速度为 $V_{tx} = 30$ m/s,$V_{ty} = 0$ m/s,$V_{tz} = -40$ m/s;

情况 2,地面机动目标点匀加速运动初始速度为 $V_{tx0} = 0$ m/s,$V_{ty0} = 0$ m/s,$V_{tz0} = 0$ m/s,加速度为 $a_{tx} = 5$ m/s^2,$a_{ty} = 0$ m/s^2,$a_{tz} = -5$ m/s^2;

情况 3,地面机动目标点正弦运动速度为 $V_{tx} = 20\sin(\omega t)$ m/s,$V_{ty} = 0$ m/s,$V_{tz} = -10\sin(\omega t)$ m/s,其中 $\omega = 0.5$ rad/s。

情况 1~3 中目标点速度、加速度观测值如图 6.9~6.14 所示,采用扩张状态观测器可以有效地对机动目标点运动加速度进行估计。观测器参数 $a = 0.25$，$\delta = 0.000\ 1$，$\beta_{01} = 100$，$\beta_{02} = 40$，$\beta_{03} = 15$。3 种情况下飞行器与目标点相对位置在再入坐标系 XOZ 平面内投影，将采用虚拟目标点包含目标点运动预测的方法与不包含目标点运动预测的方法进行对比，落点偏差如表 6.2 所示。

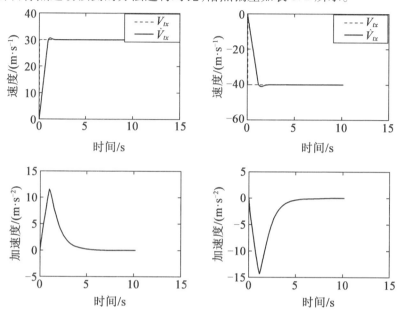

图 6.9　情况 1 中目标点加速度、速度估计

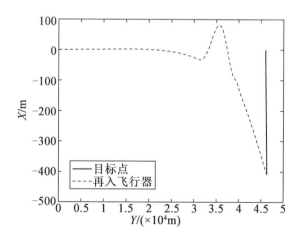

图 6.10　情况 1 中弹目运动在 XOZ 平面投影

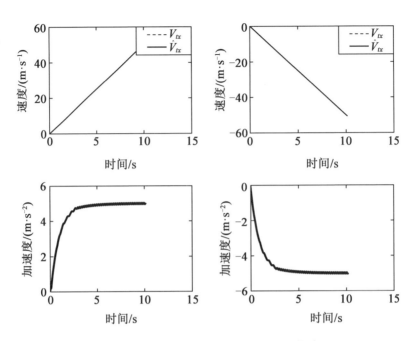

图 6.11　情况 2 中目标点加速度、速度估计

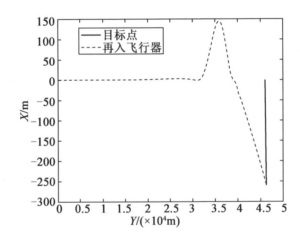

图 6.12　情况 2 中弹目运动在 XOZ 平面投影

第 6 章 变质心再入飞行器制导律

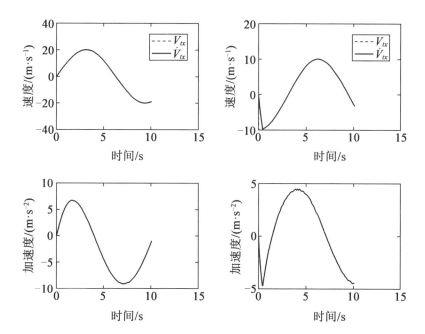

图 6.13 情况 3 中目标点加速度、速度估计

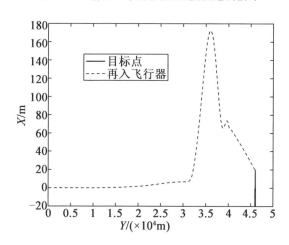

图 6.14 情况 3 中弹目运动在 XOZ 平面投影

表 6.2 不同目标点机动情况下飞行器落点偏差

目标点机动形式	采用目标点预测落点偏差/m	未采用目标点预测落点偏差/m
匀速运动	0.33	3.52
匀加速运动	0.41	6.07
正弦机动	0.30	0.34

考虑升力气动力、阻力不确定性±10%，大气密度不确定性±10%，飞行器质量不确定性±5%，以情况1中匀速运动目标点为例进行500次蒙特卡洛仿真，得到落点偏差分布如图6.15所示。飞行器落点偏差均值为0.36 m，标准差为0.09 m。因此，本节提出的制导律对系统不确定性具有一定的鲁棒性。

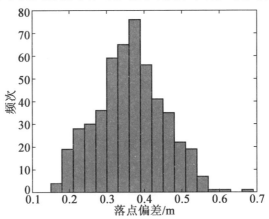

图6.15　干扰情况下落点散布

6.5　变质心再入飞行器再入段制导律

如前所述，仅采用标准轨迹跟踪方法存在终端精度低的问题，而采用预测-校正方法由于多次迭代会带来较大计算量问题。因此，采用单一形式的制导方法难以解决多约束、期望射程大范围变化且终端精度要求较高的再入段制导问题。另外，现有文献中制导方法研究过程往往关注各阶段初值、终值精度，实现各段间的衔接，而对于各阶段间的配合涉及较少，从而导致在应用于变质心再入飞行器的过程中精度降低，落速散布较大。因此，本节研究一种适用于单滑块变质心再入飞行器再入段的制导方法。该种制导方法的基本思路是根据飞行高度将整个再入过程分为高空段和俯冲段，俯冲段采用制导方法以满足终端精度需求。高空段则采用标准轨迹规划与跟踪的方法，在提高对射程调节能力的同时降低制导指令变化率。

本节将重点对再入过程中高空阶段制导方法进行研究。区别于攻角可控的再入飞行器，单滑块变质心再入飞行器无法通过调节攻角及速度滚转角来实现对速度和射程的同时控制。为了解决单一速度滚转角难以精确控制射程与速度的问题,本章首先分析速度滚转角对飞行器轨迹的影响,寻求速度滚转角对射程、速度的影响规律并得到速度滚转角-高度曲线的可行区间。其次,为简化轨迹规划过程,将连续速度滚转角-高度曲线离散化,并在考虑不同气动环境下制导指令对射程、速度影响的基础上,研究基于预测-校正思路的变权重制导指令更新方法。然后,为了减少侧向机动及滚转方向变化对再入过程的影响,研究侧向制导逻辑及改进形式 B 样条拟合方法。最后,考虑气动环境、飞行器参数等存在不确定性时,标准轨迹跟踪过程中单一速度滚转角难以实现射程、速度精确跟踪问题,研究一种考虑跟踪偏差联系的轨迹跟踪方法,实现高空段射程的精确跟踪,并在与俯冲段对接后获得较高终端精度的同时满足动压、过载约束。

本节研究内容主要包括再入过程制导指令对状态量的影响及各状态量间的关系,为后续高空段标准轨迹规划与跟踪方法研究提供研究基础。首先,给出后面研究过程中需要的假设条件:

假设 6.1 由于地球自转产生作用力对再入飞行器质心运动较小,可视作扰动。

假设 6.2 忽略由地球形状产生的半径变化。

假设 6.3 假设存在满足设计约束条件的标准轨迹。

为了研究再入轨迹各状态量间的关系,首先在假设 6.1 的基础上建立质心运动数学模型如下:

$$\begin{cases} \dot{v} = -\dfrac{D}{m_T} + g_r \sin\theta_T + d_v \\ \dot{\theta}_T = \dfrac{L}{m_T v}\cos\gamma_V + \left(\dfrac{g_r}{v} + \dfrac{v}{r}\right)\cos\theta_T + d_{\theta_T} \\ \dot{\psi}_T = -\dfrac{L}{m_T v\cos\theta_T}\sin\gamma_V + d_{\psi_T} \\ \dot{r} = v\sin\theta_T \\ \dot{\varphi} = \dfrac{v\cos\theta_T \cos\psi_T}{r} \\ \dot{\lambda} = -\dfrac{v\cos\theta_T \sin\psi_T}{r\cos\varphi} \end{cases} \quad (6.33)$$

其中,v 为再入飞行器速度;m_T 为再入飞行器总质量;r 为地心距;θ_T、ψ_T 分别为速度倾角、速度方位角;L、D 分别为升力、阻力;γ_V 为速度滚转角;d_v、d_{θ_T}、d_{ψ_T} 分别为速度、当地弹道倾角、速度方位角微分方程中未建模部分及外部干扰;φ、λ 分别为飞行器纬度、经度。

考虑到再入过程中侧向机动方位相比于纵向机动较小,且在飞行过程中可通过调节速度滚转角符号减少侧向机动,因此可视再入过程中高空段航程近似等于纵向平面航程 R (纵程),并得到纵向平面内简化模型,即

$$\begin{cases} \dot{v} = -\dfrac{D}{m_{\mathrm{T}}} + g_r \sin \Theta \\ \dot{\Theta} = \dfrac{L}{m_{\mathrm{T}} v} \cos \gamma_V + \left(\dfrac{v}{r} + \dfrac{g_r}{v}\right)\cos \Theta \\ \dot{r} = v \sin \Theta \\ \dot{R} = R_{\mathrm{E}} v \cos \Theta / r \end{cases} \quad (6.34)$$

其中, R_{E} 为地球平均半径; Θ 为飞行器速度与当地水平线的夹角,定义为当地弹道倾角。

考虑到高空段与俯冲段交接过程中需要考虑交班点速度、射程满足约束,因此为了描述交班点速度、射程与当地弹道倾角 Θ 间的关系,给出如下定理:

定理 6.1 对于纵向运动模型,当存在高度范围 $[h_f, h_0]$ 内两条高空段再入轨迹对应当地弹道倾角满足 $\Theta_1(h) < \Theta_2(h)$,$\forall h \in [h_f, h_0]$ 时,对应高度 h_f 处射程 $R_{f_1} < R_{f_2}$。

证明: 在仅考虑纵向平面运动时,由假设 6.2 及简化模型,可得纵向平面内射程 – 高度变化规律如下:

$$\frac{\mathrm{d}R}{\mathrm{d}h} \approx \frac{\mathrm{d}R}{\mathrm{d}r} = \frac{R_{\mathrm{E}}}{r \tan \Theta} \quad (6.35)$$

为了研究当地弹道倾角对再入过程纵向平面内射程的影响,根据再入轨迹是否存在"跳跃"分为两种情况,并分别进行讨论分析。

(1) 再入过程高度随时间单调递减,不存在"跳跃"情况。

由式(6.35)可以得到高空段总射程表达式如下:

$$R_f = \int_{h_0}^{h_f} \frac{\mathrm{d}R}{\mathrm{d}h} \mathrm{d}h = \int_{h_0+R_{\mathrm{E}}}^{h_f+R_{\mathrm{E}}} \frac{\mathrm{d}R}{\mathrm{d}r} \mathrm{d}r = \int_{h_0+R_{\mathrm{E}}}^{h_f+R_{\mathrm{E}}} \frac{R_{\mathrm{E}}}{r \tan \Theta} \mathrm{d}r \quad (6.36)$$

由于当地弹道倾角 Θ 随高度变化,故而引入平均当地弹道倾角 $\overline{\Theta} < 0$ 满足

$$R_f = \int_{h_0+R_{\mathrm{E}}}^{h_f+R_{\mathrm{E}}} \frac{R_{\mathrm{E}}}{r \tan \overline{\Theta}} \mathrm{d}r = \int_{h_0+R_{\mathrm{E}}}^{h_f+R_{\mathrm{E}}} \frac{R_{\mathrm{E}}}{r \tan \overline{\Theta}} \mathrm{d}r = \frac{R_{\mathrm{E}}}{\tan \overline{\Theta}} \ln \frac{h_f + R_{\mathrm{E}}}{h_0 + R_{\mathrm{E}}} \quad (6.37)$$

根据当地弹道倾角的取值范围及正切函数的单调性可知,射程 R 随平均当地弹道倾角的增大而增大。

(2) 再入过程高度不随时间单调递减,存在至少一次"跳跃"情况。

$$R_f = \sum_{i=1}^{2n+1} R_i = \int_{h_0+R_E}^{h_1+R_E} \frac{R_E}{r\tan\overline{\Theta}_1} dr + \sum_{i=1}^{2n-1} \int_{h_i+R_E}^{h_{i+1}+R_E} \frac{R_E}{r\tan\overline{\Theta}_{i+1}} dr + \int_{h_{2n+2}+R_E}^{h_f+R_E} \frac{R_E}{r\tan\overline{\Theta}_{2n+1}} dr$$

(6.38)

其中,n 为"跳跃"次数。

由于"跳跃"现象的存在,整个再入过程将分为 $2n+1$ 段。根据每一段的初始高度与终止高度的大小关系,将其分为"上升""下降"两类,各有 n 段与 $n+1$ 段。其中,下降段分析方式与情况(1)相同,射程 $R_i(i=1,3,\cdots,2n+1)$ 随平均当地弹道倾角的增大而增大。而对于"上升"段,射程计算如下:

$$R_{2i} = \frac{R_E}{\tan\overline{\Theta}_{2i}} \ln \frac{h_{2i}+R_E}{h_{2i-1}+R_E} \quad (i=1,2,\cdots,n)$$

(6.39)

因为该阶段平均当地弹道倾角 $\overline{\Theta}_{2i} > 0, h_{2i} > h_{2i-1}$,易得射程随平均当地弹道倾角的增大而减小。但是,当考虑每一次"跳跃"过程上升与下落阶段对应总射程时,平均当地弹道倾角 $\overline{\Theta}_{2i}$ 的增大将引起 $\overline{\Theta}_{2i+1}$ 更加明显的变化,进而导致跳跃过程在纵向平面总射程增大。

综合以上两种情况可知,再入过程中的总射程随平均当地弹道倾角 $\overline{\Theta}$ 的增大而增大。而当地弹道倾角满足 $\Theta_1(h) < \Theta_2(h)$ 时,易知对应平均当地弹道倾角满足 $\overline{\Theta}_1 < \overline{\Theta}_2$,进而结合上述分析结果可得当条件 $\Theta_1(h) < \Theta_2(h)$ 成立时,再入过程采用当地弹道倾角 $\Theta_1(t)$ 得到的纵向平面射程小于采用当地弹道倾角 $\Theta_2(t)$ 得到的纵向平面射程。

证毕。   □

定理 6.2 对于纵向运动模型,当存在高度范围 $[h_f, h_0]$ 内两条高空段再入轨迹对应当地弹道倾角满足 $\Theta_1(h) < \Theta_2(h), \forall h \in [h_f, h_0]$ 时,对应高度 h_f 处速度 $v_{f_1} > v_{f_2}$。

证明: 由纵向平面模型,可得高空段飞行器速度随高度变化规律为

$$\frac{dv}{dh} = \frac{-\frac{D}{m_T} + g_r \sin\Theta}{v\sin\Theta}$$

(6.40)

结合气动力 $D = \frac{S_{ref}\rho v^2 C_D}{2}$ 及大气密度随高度变化规律 $\rho = \rho_0 e^{-\beta_\rho h}$ 可得

$$\frac{dv}{dh} = -\frac{C_D S_{ref} \rho_0}{2m_T \sin\Theta} e^{-\beta_\rho h} v + \frac{g_r}{v}$$

(6.41)

当忽略高空段引力变化时

$$\frac{dv^2}{dh} = -\beta_\rho \frac{C_D S_{\text{ref}} \rho_0}{\beta_\rho m_T \sin \Theta} e^{-\beta_\rho h} v^2 - 2g \quad (6.42)$$

其中,ρ_0 为高度为 0 处的大气密度;常数 $\beta_\rho = 1/72\,001$;C_D 为气动力系数;g 为重力加速度常数。

对上式积分并令 $K_0 = \dfrac{-C_D S_{\text{ref}} \rho_0}{\beta_\rho m_T}$ 可得

$$v_h^2 = v_0^2 e^{\int_{h_0}^{h} \beta_\rho K_0 / \sin \Theta \cdot e^{-\beta_\rho h} dh} \left(1 - \frac{2}{v_0^2} \int_{h_0}^{h} g e^{-\int_{h_0}^{h} \beta_\rho K_0 / \sin \Theta \cdot e^{-\beta_\rho h} dh} dh \right) \quad (6.43)$$

注意当地弹道倾角 Θ 随高度变化,类似定理 6.1 证明过程,引入平均当地弹道倾角 $\overline{\Theta}$ 即可得到

$$v_f^2 = v_0^2 e^{\int_{h_0}^{h} \beta_\rho K_0 / \sin \overline{\Theta} \cdot e^{-\beta_\rho h} dh} \left(1 - \frac{2}{v_0^2} \int_{h_0}^{h} g e^{-\int_{h_0}^{h} \beta_\rho K_0 / \sin \overline{\Theta} \cdot e^{-\beta_\rho h} dh} dh \right) \quad (6.44)$$

进而结合文献[18]中关于减速过程证明过程可知,当平均弹道倾角满足 $\overline{\Theta}_1 < \overline{\Theta}_2 < 0$ 时交班点速度 $v_{h_1} > v_{h_2}$。即当条件 $\Theta_1(h) < \Theta_2(h)$ 成立时,再入过程采用当地弹道倾角 $\Theta_1(t)$ 得到的交班点速度大于采用当地弹道倾角 $\Theta_2(t)$ 得到的交班点速度。

证毕。

6.5.1 速度滚转角-高度曲线对交班点射程的影响

为了描述速度滚转角幅值对交班点射程的影响规律,给出如下定理:

定理 6.3 对于纵向运动模型,当存在高度范围 $[h_f, h_0]$ 内两条高空段再入轨迹对应速度滚转角满足 $\gamma_{V_1}(h) < \gamma_{V_2}(h)$,$\forall h \in [h_f, h_0]$ 时,对应高度 h_f 处射程 $R_{f_1} > R_{f_2}$。

证明: 由纵向平面运动模型,可得当地弹道倾角与速度滚转角间关系如下:

$$\frac{d\Theta}{dt} = \frac{L}{m_T v} \cos \gamma_V + \left(\frac{v}{r} + \frac{g_r}{v}\right) \cos \Theta \quad (6.45)$$

由于 $\dfrac{L}{m_T v} > 0$ 且 $\cos \gamma_V$ 值在 $[0, \pi]$ 区间内随 γ_V 的增大而减少,故而当其他条件一致时,当地弹道倾角随 γ_V 的增大而减少。因而易知在高度区间 $[h_f, h_0]$ 飞行过程中如满足 $0 \leqslant \gamma_{V_1} < \gamma_{V_2} \leqslant \pi$ 时当地弹道倾角满足 $\Theta_1 > \Theta_2$。进而结合定理 6.1 中结论可知,对于高度区间 $[h_f, h_0]$ 内再入过程,当速度滚转角满足 $0 \leqslant \gamma_{V_1} < \gamma_{V_2} \leqslant \pi$ 时,采用 γ_{V_1} 的轨迹射程大于采用 γ_{V_2} 的轨迹射程。

证毕。

基于定理 6.3,在研究再入过程中射程调节范围时可将速度滚转角固定为 0°或 180°进行开环测试,得到纵向平面内射程范围。但是,由于较小的速度滚转角会导致再入飞行器在升力较大的空域内不满足拟平衡滑翔条件,当地弹道倾角导数大于零,甚至存在"跳跃"的情况,射程过大而末速度很小,难以满足俯冲段制导精度需求。因此,在研究纵向平面射程范围时需要满足条件 $\dot{\Theta}<0$,得到每一时刻速度滚转角幅值最小值 $\gamma_{V\min}$,并由此进行开环测试得到在不出现"跳跃"现象前提下的射程范围。

$$\gamma_{V\min} = \begin{cases} 0 & \left(m_T\left(\dfrac{v}{r}+\dfrac{g_r}{v}\right)\cos\Theta/L < -1\right) \\ \arccos\left[-m_T\left(\dfrac{v}{r}+\dfrac{g_r}{v}\right)\cos\Theta/L\right] & \left(\left|m_T\left(\dfrac{v}{r}+\dfrac{g_r}{v}\right)\cos\Theta/L\right| \leqslant 1\right) \\ \pi & \left(m_T\left(\dfrac{v}{r}+\dfrac{g_r}{v}\right)\cos\Theta/L > 1\right) \end{cases}$$

(6.46)

另外,当地弹道倾角的调节能力受到速度滚转角影响,而由于余弦函数的函数值有界,即 $|\cos\gamma_V| \leqslant 1$,因此在设计标准轨迹制导指令时,需要留出部分裕度,以便在考虑不确定性时具有足够的调节能力。定义变量 $\delta_B > 1$,可以得到速度滚转角幅值范围为

$$\arccos\dfrac{1}{\delta_B} \leqslant |\gamma_V| \leqslant \pi - \arccos\dfrac{1}{\delta_B}$$

(6.47)

由以上分析讨论可得到速度滚转角-高度可行区间。如图 6.16 所示,阴影部分区域是较为合理的速度滚转角取值区域。但是,拟平衡条件约束为虚线意味着速度滚转角曲线可以短暂超出约束范围,提升射程的调节能力。

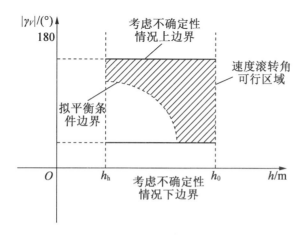

图 6.16　速度滚转角幅值可行区间示意图

为了实现高空段与俯冲段的顺利交班以及考虑飞行器安全飞行承受最大载荷,需要满足以下约束:

$$\begin{cases} |v_h - v_{desire}| \leqslant v_{bound} \\ |R_h - R_{desire}| \leqslant R_{bound} \\ q \leqslant q_{max0} \\ n_y \leqslant n_{ymax0} \end{cases} \quad (6.48)$$

其中,v_h、R_h、q、n_y 分别为交班点速度、交班点射程、动压、法向过载;v_{desire}、R_{desire} 分别为期望交班速度、期望交班射程;v_{bound}、R_{bound} 分别为速度偏差允许最大值、射程偏差允许最大值;q_{max0}、n_{ymax0} 分别为动压、法向过载允许最大值。

6.5.2 考虑多约束的变质心再入飞行器轨迹规划方法

本节对高空段轨迹规划方法进行研究并给出如下研究问题:

问题 6.1 针对高空段制导模型,在给定高度区间 $[h_0,h_7]$ 内,求解射程-高度 $(R-h)$ 曲线、速度-高度 $(v-h)$ 曲线及制导指令-高度 (γ_V-h) 曲线,满足终端约束及过程约束,得到的 $R-h$、$v-h$ 及 γ_V-h 即可表示标准轨迹。

针对问题 6.1,提出如下变权重形式标准轨迹规划方法,以解决高空段轨迹规划问题。

方法 6.1(变权重形式标准轨迹规划方法) 针对单滑块变质心飞行器高空段轨迹规划问题,考虑不同气动环境中制导指令对飞行器状态量的影响,通过采用变权重的制导指令更新策略实现同时满足交班点期望射程与速度。进而,建立交班点期望射程、速度与再入过程法向过载、动压约束的联系,通过调节期望交班点射程、速度达到满足法向过载、动压约束的目的,方法流程图如图 6.17 所示。该方法主要步骤如下:

步骤 1:离散制导指令初始化

根据飞行器高空段初始时刻及交班时刻高度确定高度变化区间 $[h_0,h_7]$,并在该区间内选取离散点 $h_i(i=0,1,\cdots,7)$,最后结合开环分析中获得的速度滚转角幅值可行区间,选取离散高度点对应制导指令 $\gamma_{V a_i}(i=0,1,\cdots,7)$,得到离散形式的制导指令。

步骤 2:离散制导指令拟合及交班点状态获取

将步骤 1 中获得的制导指令利用改进 B 样条法进行拟合得到制导指令幅值。另外,考虑到飞行器再入过程中侧向运动对制导系统的影响,采用侧向逻辑判定方法确定制导指令符号,进而通过制导指令符号的变化减小侧向偏差。最后,利用质心运动模型进行仿真验证,获得交班点处速度及射程,并根据交班点处速度、射程与期望值间的偏差判定是否满足结束条件。如满足则跳转至步骤

4,否则跳转至步骤3。

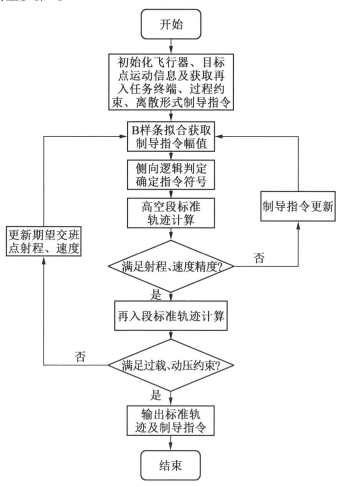

图 6.17 高空段轨迹规划流程图

步骤3：制导指令更新

根据步骤2中获得的交班点速度偏差($v_h - v_{desire}$)、射程偏差($R_h - R_{desire}$)，采用变权重形式的制导指令更新方法获取各个离散点处制导指令修正量，同时结合速度滚转角可行区间判定是否更新该点指令值，如满足区间范围则更新该点制导指令，反之则不更新该点制导指令。在完成各个离散点制导指令更新后返回步骤2。

步骤4：交班点期望状态更新

在步骤2判定成功的基础上，利用质心运动模型结合俯冲段制导方法进行再入段仿真验证,进而根据仿真结果判定最大动压、法向过载是否满足约束范围。如满足则结束轨迹规划过程,输出标准轨迹剖面 $R-h$、$v-h$ 及对应的制导指令 γ_V,反之则更新交班点期望射程、速度并返回步骤 2。

6.5.3 基于改进 B 样条的制导指令拟合方法

为了降低轨迹规划复杂程度,采用在不同飞行高度选取离散点 $h_i(i=0,1,\cdots,n-1)$ 并通过设计各离散高度处对应速度滚转角幅值 $\gamma_{Va_i}(i=0,1,\cdots,n-1)$ 实现对速度滚转角 - 高度曲线的描述。结合再入过程不同飞行高度大气密度变化及开环测试结果,得到高空段与俯冲段交班位置处高度 $h_h = h_7 = 20\ 000\ \text{m}$,并同时考虑再入段初始高度与交班高度间的高度跨度,选取离散点个数 $n=8$,得到各离散点 (γ_{Va_i}, h_i) 组成的矩阵为

$$P = \begin{bmatrix} \gamma_{Va_0} & \gamma_{Va_1} & \gamma_{Va_2} & \gamma_{Va_3} & \gamma_{Va_4} & \gamma_{Va_5} & \gamma_{Va_6} & \gamma_{Va_7} \\ h_0 & h_1 & h_2 & h_3 & h_4 & h_5 & h_6 & h_7 \end{bmatrix} \quad (6.49)$$

其中,(γ_{Va_i}, h_i) 为拟合过程使用的型值点 $P_i(i=0,1,\cdots,7)$;h_0 为再入段初始高度;$h_7 = h_h$ 为交班点高度;$h_1 \sim h_6$ 在初始高度与交班高度间选取,选取原则为"先疏后密";γ_{Va_0} 为再入段初始速度滚转角;$\gamma_{Va_1} \sim \gamma_{Va_7}$ 为待设计变量,初值在图 6.16 限定范围内选取。

进而,为了建立离散形式制导指令与连续形式滚转角 - 高度曲线的联系,提出一种基于改进 B 样条的制导指令拟合方法。由于在设计过程中考虑了拟合过程中出现"凸起"引起飞行器滚转方向变化,通过设计变步长的方法对传统 B 样条拟合方法加以改进,实现了在拟合曲线连续、光滑、通过每一个离散点的同时,避免了由拟合过程导致飞行器滚转方向变化。

B 样条曲线拟合算法的拟合方程为

$$r(t_B) = \sum_{i=0}^{3} B_i(t_B) P_i \quad (t_B \in [0,1]) \quad (6.50)$$

其中,$B_i(t)$ 为基函数;$P_i(i=0,1,2,3)$ 为相邻的四个型值点。

本节定义描述制导指令的型值点 $P_i = (h_i, \gamma_{Va_i})$ 并采用如下基函数 $B_i(t)$:

$$\begin{cases} B_0(t_B) = (-t_B^3 + 3t_B^2 - 3t_B + 1)/6 \\ B_1(t_B) = (3t_B^3 - 6t_B^2 + 4)/6 \\ B_2(t_B) = (-3t_B^3 + 3t_B^2 + 3t_B + 1)/6 \\ B_3(t_B) = t_B^3/6 \end{cases} \quad (6.51)$$

拟合曲线起点位于 $\triangle P_0 P_1 P_2$ 中线 $P_1 P_1^*$ 且距离 P_1 三分之一处,其导数为

$|P_0P_2|/2$；终点位于 $\triangle P_1P_2P_3$ 中线 $P_2P_2^*$ 三分之一处且距离 P_2 三分之一处，其导数为 $|P_1P_3|/2$。受文献[19]启发，在每个型值点两侧（除首尾两点外）增加两个附加型值点，即可实现拟合曲线在满足 B 样条拟合优点的同时通过每一个给定的型值点，提高了拟合精度。同时，考虑到文献中方法由于采用固定步长而导致的拟合阶跃形式曲线时出现的"凸起"，提出一种基于变步长的改进 B 样条方法，在相邻型值点增量小于阈值 δ_B 时通过减少步长的方式将其退化为类似局部线性插值的拟合方式，改进 B 样条方法具体步骤如下：

步骤 1：在已有型值点 $P_i(i=0,1,2,\cdots,7)$ 两侧设定附加型值点 $P_{i,0}$、$P_{i,1}$ 为

$$P_{i,0} = \begin{cases} P_i - h_1(P_{i+1} - P_i) & (i=1,2,\cdots,6) \\ P_i & (i=0,7) \end{cases} \quad (6.52)$$

$$P_{i,1} = \begin{cases} P_i + h_1(P_{i+1} - P_i) \\ P_i \end{cases} \quad (6.53)$$

其中，步长 h_1 满足 $h_1 = \begin{cases} h_{10} & (|P_{i+1} - P_i| > \delta_B) \\ h_{11} & (|P_{i+1} - P_i| \leqslant \delta_B) \end{cases}$。

步骤 2：根据步骤 1 中的 24 个型值点顺次选取相邻 4 个点进行 B 样条拟合，得到 21 条曲线，其中 P_i 与 $P_{i+1}(i=0,1,\cdots,6)$ 间曲线可表示为分段形式

$$r_{i,0}(t_B) = \frac{1}{6}\begin{bmatrix} t_B^3 & t_B^2 & t_B & 1 \end{bmatrix} \begin{bmatrix} -1 & 3 & -3 & 1 \\ 3 & -6 & 3 & 0 \\ -3 & 0 & 3 & 0 \\ 1 & 4 & 1 & 0 \end{bmatrix} \begin{bmatrix} P_{i,0} \\ P_i \\ P_{i,1} \\ P_{i+1,0} \end{bmatrix} \quad (6.54)$$

$$r_{i,1}(t_B) = \frac{1}{6}\begin{bmatrix} t_B^3 & t_B^2 & t_B & 1 \end{bmatrix} \begin{bmatrix} -1 & 3 & -3 & 1 \\ 3 & -6 & 3 & 0 \\ -3 & 0 & 3 & 0 \\ 1 & 4 & 1 & 0 \end{bmatrix} \begin{bmatrix} P_i \\ P_{i,1} \\ P_{i+1,0} \\ P_{i+1} \end{bmatrix} \quad (6.55)$$

$$r_{i,2}(t_B) = \frac{1}{6}\begin{bmatrix} t_B^3 & t_B^2 & t_B & 1 \end{bmatrix} \begin{bmatrix} -1 & 3 & -3 & 1 \\ 3 & -6 & 3 & 0 \\ -3 & 0 & 3 & 0 \\ 1 & 4 & 1 & 0 \end{bmatrix} \begin{bmatrix} P_{i,1} \\ P_{i+1,0} \\ P_{i+1} \\ P_{i+1,1} \end{bmatrix} \quad (6.56)$$

采用改进 B 样条法拟合曲线通过所有的给定型值点 P_i，且由于选用的基函数与传统 B 样条法相同，亦具有 B 样条法的优点。

综合以上设计步骤，可以将各离散点 (γ_{Va_i}, h_i) 顺次拟合得到速度滚转角幅

值-高度曲线($\gamma_{Va}-h$)。

同时,为了减少飞行器侧向运动对制导精度的影响,采用侧向逻辑判定的方式确定速度滚转角符号,并结合拟合得到的幅值γ_{Va}得到速度滚转角γ_V。

飞行器侧向运动模型描述如下:

$$\begin{cases} \dot{\psi}_V = -\dfrac{L}{m_T v\cos\theta}\sin\gamma_V + d_{\psi_V} \\ \dot{z} = -v\cos\theta\sin\psi_V \end{cases} \quad (6.57)$$

其中,d_{ψ_V}为未建模部分及外部干扰总和。

由式(6.57)可知,飞行器侧向运动幅值受到速度滚转角影响,且由正弦函数在0°~180°区间呈先增大后减小变化趋势。因此,为了减小侧向运动对制导系统精度的影响,采用如下逻辑对制导指令的符号进行调整:

$$\gamma_V(t) = \begin{cases} -|\gamma_{Va}(t)|\mathrm{sgn}(z+k_5\dot{z}) & (|z+k_5\dot{z}|\geq\bar{z}) \\ |\gamma_{Va}(t)|\mathrm{sgn}(\gamma_V(t-h_t)) & (|z+k_5\dot{z}|<\bar{z}) \end{cases} \quad (6.58)$$

$$\begin{cases} \bar{z} = c_1 + c_2(v/v_e) \\ k_5 = c_3 + c_4(v/v_e) \end{cases} \quad (6.59)$$

其中,c_1、c_2、c_3、c_4、v_e为设计参数;h_t为制导周期。

6.5.4 基于预测-校正的变权重制导指令更新方法

在前一节建立离散形式制导指令与连续形式速度滚转角-高度曲线联系及通过侧向逻辑调整制导指令符号减少侧向运动影响的基础上,本节给出一种基于预测-校正思路的变权重制导指令更新方法。

由于单滑块变质心再入飞行器仅能通过调节速度滚转角实现对再入轨迹的调整,速度滚转角的变化将同时对交班点射程与速度产生影响。由定理6.1~6.3可知,当再入任务射程增加时,为了满足射程需求,需要减小速度滚转角幅值,但是这样在提高射程的同时也会导致交班点速度降低,进而会导致俯冲段制导落速散布增大,严重时会影响终端精度。基于上述分析,考虑到飞行器减速过程在不同大气环境下具有差异的特点,通过采用变权重形式的速度滚转角增量计算方式,可在满足交班点射程约束的同时减少交班点速度与其期望值的偏差,有助于适应不同射程的再入任务。

为了满足交班点期望射程与速度,通过建立标准轨迹交班点处速度、射程偏差与离散制导指令幅值增量间联系,利用预测-校正思路对各离散点处制导指令幅值进行修正与更新,其过程表达式如下:

$$\begin{cases} \gamma_{V_{a1}}(n+1) = \gamma_{V_{a1}}(n) + \Delta\gamma_{V_R} \\ \gamma_{V_{a2}}(n+1) = \gamma_{V_{a2}}(n) + \Delta\gamma_{V_R} - 0.2\Delta\gamma_{V_V} \\ \gamma_{V_{a3}}(n+1) = \gamma_{V_{a3}}(n) + 0.8\Delta\gamma_{V_R} - 0.4\Delta\gamma_{V_V} \\ \gamma_{V_{a4}}(n+1) = \gamma_{V_{a4}}(n) + 0.6\Delta\gamma_{V_R} - 0.6\Delta\gamma_{V_V} \\ \gamma_{V_{a5}}(n+1) = \gamma_{V_{a5}}(n) + 0.2\Delta\gamma_{V_R} - 0.8\Delta\gamma_{V_V} \\ \gamma_{V_{a6}}(n+1) = \gamma_{V_{a6}}(n) + 0.2\Delta\gamma_{V_R} - \Delta\gamma_{V_V} \\ \gamma_{V_{a7}}(n+1) = \gamma_{V_{a7}}(n) + 0.2\Delta\gamma_{V_R} - \Delta\gamma_{V_V} \end{cases} \quad (6.60)$$

$$\Delta\gamma_{V_R} = \begin{cases} \operatorname{sgn}(k_R\Delta R_h)\max(|k_R\Delta R_h|, \Delta\gamma_{V_{R\max}}) & (|\Delta R_h| > \Delta R_{\max}) \\ \operatorname{sgn}(k_R\Delta R_h)\max\left(\left|\Delta R_h \dfrac{\Delta R - \Delta R_{\text{pre}}}{\Delta\gamma_{V_{\text{pre}}}}\right|, \Delta\gamma_{V_{R\max}}\right) & (|\Delta R_h| \leqslant \Delta R_{\max}) \end{cases}$$

$$(6.61)$$

$$\Delta\gamma_{V_V} = \begin{cases} \operatorname{sgn}(k_v\Delta v)\max(|k_v\Delta v|, \Delta\gamma_{V_{V\max}}) & (|\Delta v| \geqslant v_{\text{bound}}) \\ 0 & (|\Delta v| < v_{\text{bound}}) \end{cases} \quad (6.62)$$

$$\Delta R_h = R_h - R_{\text{desire}} \quad (6.63)$$

$$\Delta v = v_h - v_{\text{desire}} \quad (6.64)$$

其中,ΔR、ΔR_{pre} 分别为当前迭代周期和前一迭代周期射程偏差值;$\Delta\gamma_{V_{\text{pre}}}$ 为前一迭代周期速度滚转角指令增量;$k_R, k_v > 0$;R_{desire}、v_{desire} 为期望交班点射程、速度;R_h、v_h 为交班点处射程、速度;$\Delta\gamma_{V_{R\max}}$、$\Delta\gamma_{V_{V\max}}$ 为增量允许最大值;v_{bound} 为速度偏差允许最大值。

6.5.5 交班点期望射程及速度更新方法

在开环测试中得到速度滚转角可行区间的基础上,根据期望射程、速度即可采用预测-校正思路通过更新制导指令获得满足交班点射程、速度约束的标准轨迹 $R-h$、$v-h$ 及制导指令 γ_V。同时,考虑到再入过程中过载、动压峰值往往出现在大气密度较为稠密的俯冲段,结合俯冲段制导方法通过螺旋机动消耗能量、消除侧向偏差的特点,将再入过程中需要满足过载、动压约束问题转化为交班点期望射程、速度设计问题,在满足过程约束的同时降低轨迹规划难度。

进而,为了满足再入段动压及法向过载约束,需在轨迹规划过程中对交班点处期望射程、速度进行修正与更新,修正量 ΔR_{desire}、Δv_{desire} 表达式如下:

$$\Delta R_{\text{desire}} = k_{R1}((q_{\max} - q_{\max 0}) + |q_{\max} - q_{\max 0}| + (n_{y\max} - n_{y\max 0}) + |n_{y\max} - n_{y\max 0}|)/2$$

$$(6.65)$$

$$\Delta v_{\text{desire}} = k_{v1}((q_{\max} - q_{\max 0}) + |q_{\max} - q_{\max 0}| + (n_{y\max} - n_{y\max 0}) + |n_{y\max} - n_{y\max 0}|)/2$$

$$(6.66)$$

其中, q_{max}、q_{max0} 为最大动压、动压允许最大值; n_{ymax}、n_{ymax0} 为最大法向过载、法向过载允许最大值; $k_{R1} < 0, k_{v1} < 0$。

基于交班点期望射程、速度更新方法可以得到满足法向过载、动压约束的高空段期望射程表达式如下:

$$\begin{cases} R_{\text{desire}}(n+1) = R_{\text{desire}}(n) + \Delta R_{\text{desire}} \\ v_{\text{desire}}(n+1) = v_{\text{desire}}(n) + \Delta v_{\text{desire}} \end{cases} \quad (6.67)$$

至此,可以得到满足过程约束及终端约束的标准轨迹。为了验证本节提出的轨迹规划方法的有效性,在标称情况下进行仿真试验。首先采用本节提出的改进 B 样条拟合方法进行仿真试验,验证其在拟合过程中减少速度滚转角方向变化方面的效果。然后,开展不同期望射程仿真试验,采用本节提出的变权重制导指令更新方法与基于传统的预测-校正思路的制导指令更新方法进行对比仿真试验,以验证本节所提方法在降低不同飞行任务时对交班点速度影响方面的效果。再入飞行器初始状态如表 6.3 所示, B 样条拟合参数: $h_{10} = 1/6, h_{11} = 1/100, \delta_B = 0.05$; 侧向逻辑判定参数: $c_1 = 0, c_2 = 2\,000, c_3 = 0.001, c_4 = 0.001, v_e = 7\,750$; 轨迹更新参数: $k_R = 0.009, k_v = 2 \times 10^{-5}$。

表 6.3 再入飞行器初始状态

状态变量	变量值	状态变量	变量值
经度/(°)	0	速度/(m·s^{-1})	7 750.0
纬度/(°)	0	弹道倾角/(°)	-3.0
高度/m	70 000.0	弹道偏角/(°)	0

首先,为了验证改进 B 样条法对速度滚转角曲线拟合效果,将本节方法与文献[19]提出方法进行对比仿真试验,并分别给出两种不同的离散速度滚转角指令如下的仿真结果,如图 6.18 所示。

$$P = \begin{bmatrix} 0 & 45 & 90 & 112 & 135 & 135 & 135 & 135 \\ 70\,000 & 60\,000 & 50\,000 & 45\,000 & 40\,000 & 35\,000 & 30\,000 & 20\,000 \end{bmatrix} \quad (6.68)$$

$$P = \begin{bmatrix} 0 & 30 & 45 & 60 & 75 & 100 & 135 & 180 \\ 70\,000 & 60\,000 & 50\,000 & 45\,000 & 40\,000 & 35\,000 & 30\,000 & 20\,000 \end{bmatrix} \quad (6.69)$$

由图 6.18 可知,对于一般连续曲线,由于相邻型值点之差绝对值不在设定阈值之内,本节提出的 B 样条方法与文献中方法的表达形式相同,因此具有相同的拟合效果。但是,当相邻型值点之差较小时,由于采用变步长的方式,利用本节提出的改进 B 样条方法得到的拟合曲线不存在"凸起",降低了"凸起"部分引起飞行器滚转方向变化。

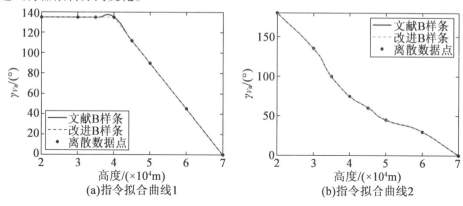

图 6.18 速度滚转角指令拟合曲线

进而,以离散速度滚转角指令作为初值,采用预测－校正思路进行指令更新,得到满足期望射程、速度且与俯冲段交接满足再入段最大动压、法向过载约束。为了验证所设计方法对不同再入任务的适应能力,给定四种不同的再入任务,如表 6.4 所示。

表 6.4 目标点位置信息

任务	期望射程/km	射向
任务 1	750	正北
任务 2	1 000	正北
任务 3	900	北偏东 45°
任务 4	800	正东

再入过程中考虑过程约束表示如下:

$$q = \frac{1}{2}\rho v^2 \leq q_{max0} = 6 \times 10^6 \text{ Pa} \tag{6.70}$$

$$n_y = \frac{L}{m_T g_0} \leq n_{y max0} = 70 \tag{6.71}$$

其中,q、q_{max0} 分别为动压与动压最大允许值;ρ 为大气密度;n_y、$n_{y max0}$ 分别为法向过载、最大法向过载允许值;常数 $g_0 = 10 \text{ m/s}^2$。

不同任务情况下 3D 轨迹如图 6.19 所示,由于再入过程中根据不同气动环境采用了不同的制导策略,3D 轨迹也呈现出两种不同的形状。在高空段由于大气稀薄且制导指令采用变化率较低的方式,因此轨迹较为平缓,其目的主要是实现射程的大范围调节且将侧向偏差控制在有界范围内。而在低空俯冲段由于采用了有限时间制导律,利用螺旋机动的方式减小侧向偏差,提高制导精度,因此轨迹呈现出螺旋形状。而由图 6.20 可知,在再入过程初始阶段不同形式的制导指令对射程的影响不大,在进入 50 000 m 以下大气密度较为稠密的阶段后,不同的制导指令对射程的影响变得明显,最大与最小射程之差可达到 300 km。速度滚转角曲线如图 6.21 所示,由于采用了预测 – 校正思路及改进 B 样条方法,速度滚转角指令在高空段较为光滑,并根据不同任务需求略有不同,其规律可描述为:期望射程越大,速度滚转角幅值越小。而在侧向逻辑判定的作用下,速度滚转角的指令符号在高空段末期发生变化。尽管速度滚转角符号的变化会增加姿态角跟踪难度,但是由于符号翻转出现在大气较为稠密区域且次数控制在 3 次左右,因此在一定程度上降低了由于符号翻转对制导精度的影响。另外,由于在设计指令时考虑了侧向逻辑判定对姿态跟踪的影响,给定指令中后几项接近 180°,由速度滚转角 360° 为周期的性质可知,符号的变化对姿态跟踪的影响也会进一步降低。最后,再入过程中动压、法向过载曲线如图 6.22、图 6.23 所示,动压、法向过载峰值均呈现先增大后减小的趋势,且峰值出现在俯冲阶段。同时,动压、法向过载峰值也与再入过程中的射程相关,动压、法向过载峰值随着总射程的增大而减小。

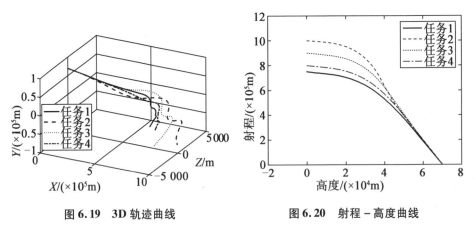

图 6.19　3D 轨迹曲线　　　　　图 6.20　射程 – 高度曲线

另外,为了说明本节提出的制导指令更新方法(variable weighting predictor corrector,VWPC)的优点,将其与基于预测 – 校正思路的方法(predictor corrector,PC)进行对比仿真验证,基于预测 – 校正思路制导指令更新方法如下:

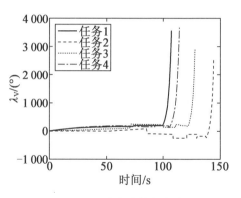

图 6.21 速度滚转角曲线

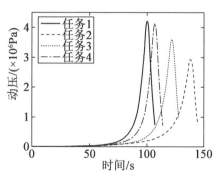

图 6.22 动压曲线

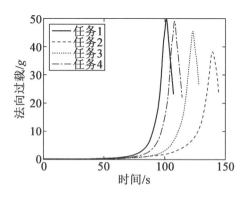

图 6.23 法向过载曲线

$$\begin{cases} \gamma_{V_{a1}}(n+1) = \gamma_{V_{a1}}(n) + \Delta\gamma_{V_R} \\ \gamma_{V_{a2}}(n+1) = \gamma_{V_{a2}}(n) + \Delta\gamma_{V_R} \\ \gamma_{V_{a3}}(n+1) = \gamma_{V_{a3}}(n) + \Delta\gamma_{V_R} \\ \gamma_{V_{a4}}(n+1) = \gamma_{V_{a4}}(n) + \Delta\gamma_{V_R} \\ \gamma_{V_{a5}}(n+1) = \gamma_{V_{a5}}(n) + \Delta\gamma_{V_R} \\ \gamma_{V_{a6}}(n+1) = \gamma_{V_{a6}}(n) + \Delta\gamma_{V_R} \\ \gamma_{V_{a7}}(n+1) = \gamma_{V_{a7}}(n) + \Delta\gamma_{V_R} \end{cases} \quad (6.72)$$

不同任务条件下对比仿真结果如图 6.24 所示。

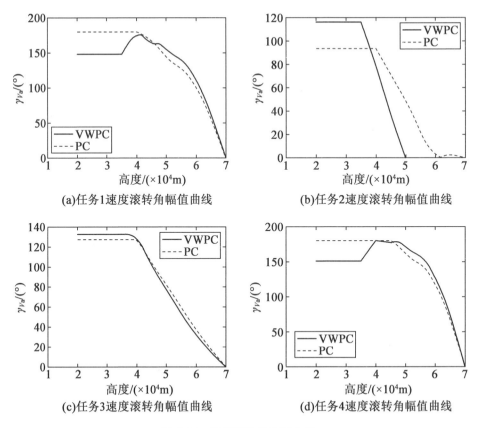

(a) 任务1速度滚转角幅值曲线 (b) 任务2速度滚转角幅值曲线

(c) 任务3速度滚转角幅值曲线 (d) 任务4速度滚转角幅值曲线

图 6.24　速度滚转角幅值曲线

相比于传统基于预测 – 校正思路的方法,本节提出的制导指令更新方法具有如下优点:

(1) 由于速度滚转角幅值同时影响射程和速度,且随着高度的下降变得更加明显,相比于采用相同权重增量更新制导指令的方法,本节将调节射程的能力偏向于高空段,充分利用其调节射程的能力,进而实现在满足期望射程的前提下降低交班速度的变化范围。如表 6.5 所示,采用基于传统预测 – 校正思路方法时不同任务下交班速度偏差为 1 418.4 m/s,而采用本节提出的制导指令更新方法时交班点速度偏差仅为 756.1 m/s。

(2) 如图 6.24 示,由于本节提出的制导指令更新方法采用了变权重的策略,对于大气较为稀密的区域,制导指令更新增量相比于基于传统预测 – 校正思路的方法小,进而增大了进一步调整、修正的空间,这也有利于提高飞行器对存在不确定性情况下的适应能力。

表 6.5 再入段轨迹规划对比结果

任务	落点偏差/m		q_{max}/MPa		$n_{y_{max}}$		落速 /(m·s^{-1})		交班点速度 /(m·s^{-1})	
	PC	VWPC	PC	VWPC	PC	VWPC	PC	VWPC	PC	VWPC
任务1	0.15	0.84	4.34	4.22	50.42	50.00	1 011.4	1 094.2	6 297.5	6 246.3
任务2	1.97	1.88	1.98	2.92	28.84	38.25	1 017.5	1 102.6	4 879.1	5 490.2
任务3	2.77	4.57	3.52	3.60	44.57	45.71	1 112.4	1 247.8	5 889.5	5 933.1
任务4	1.31	2.79	4.25	4.12	59.60	49.20	950.8	1 047.0	6 238.5	6 193.3

6.5.6 考虑跟踪偏差联系的变质心再入飞行器轨迹跟踪方法

考虑再入过程中气动环境及飞行器质量存在不确定性,本节在前一节规划得到标准轨迹的基础上采用标准轨迹跟踪的思路设计制导指令修正量,通过制导指令的实时修正,实现对标准轨迹的跟踪,如图 6.25 所示。

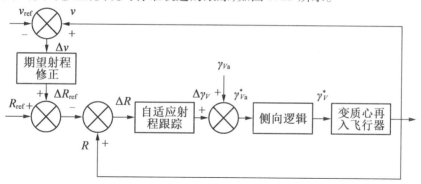

图 6.25 标准轨迹跟踪原理示意图

受限于大小不可控的升力,单一速度滚转角难以同时对速度及射程进行有效控制。因此,结合单滑块变质心再入飞行器自身特点设计适合该类飞行器的轨迹跟踪方法。首先,在纵向制导过程中通过期望射程修正模块将速度的偏差转化为期望射程的修正值,既减少了由于速度偏差过大对俯冲段制导精度的影响,又减少了在更新标准轨迹时的计算量。其次,在已获得速度滚转角幅值对射程影响规律的基础上,采用参数自适应的轨迹跟踪方法,在减少对模型参数依赖的同时实现射程偏差收敛且有界。最后,考虑侧向运动,通过采用侧向逻辑判定方法减少侧向运动偏差对制导系统精度的影响。

6.5.7 自适应射程跟踪方法

由纵向平面质心运动模型可得

$$\frac{\mathrm{d}R}{\mathrm{d}h} \approx \frac{\mathrm{d}R}{\mathrm{d}r} = \frac{R_e}{r\tan\Theta} \tag{6.73}$$

$$\frac{\mathrm{d}\Theta}{\mathrm{d}h} \approx \frac{\mathrm{d}\Theta}{\mathrm{d}r} = \frac{L}{m_T v^2 \sin\Theta}\cos\gamma_V + \frac{1}{v\tan\Theta}\left(\frac{g_r}{v} + \frac{v}{r}\right) + \mathrm{d}^*\Theta \tag{6.74}$$

其中,$\mathrm{d}^*\Theta = \dfrac{\mathrm{d}\Theta}{v\sin\Theta}$。

由于飞行器飞行高度远小于地球平均半径,式(6.73)可进一步简化为

$$\frac{\mathrm{d}R}{\mathrm{d}h} = \frac{1}{\tan\Theta} \tag{6.75}$$

由式(6.73)可知,当地弹道倾角随高度的变化主要受到两个方面的影响:(1)升力与速度滚转角非线性组合的影响;(2)速度项的影响。为了在方便设计的同时保证制导精度,将速度对当地弹道倾角的影响,通过基于考虑射程偏差与速度偏差联系的方法进行补偿,因此在本节的设计过程中仅仅考虑式(6.74)弹道倾角变化率公式右侧第一项的影响。基于上述分析,可以得到线性化形式的纵向平面简化模型,即

$$\frac{\mathrm{d}\Delta R}{\mathrm{d}h} = -\frac{1}{\sin^2\Theta}\Delta\Theta \tag{6.76}$$

$$\frac{\mathrm{d}\Delta\Theta}{\mathrm{d}h} = -\frac{L\sin\gamma_V}{m_T v^2 \sin\Theta}\Delta\gamma_V \tag{6.77}$$

根据上式可以发现,当速度滚转角幅值增大($\Delta\gamma_V > 0$)时,当地弹道倾角随高度变化率大于零,进而导致 $\Delta\Theta > 0$。而当 $\Delta\Theta > 0$ 时,射程变化率等式右侧小于零,从而导致射程随高度变化率小于零,最终导致射程减小。另外,注意到上式中升力项中隐含速度平方项,因此简化模型中不包含速度项。而由于在考虑飞行过程中不确定性时气动系数、大气密度、飞行器质量难以得到精确值,故而采用比例形式的反馈量作为速度滚转角的修正量,在能保证射程误差收敛的同时减少对模型参数的依赖。除此之外,相比于采用线性二次型调节器(linear quadratic regulator,LQR)方法等优化方法,该种方法减少了由于优化迭代产生的计算量。

$$\Delta\gamma_V = \begin{cases} k_t(R - R_{\mathrm{ref}}) & (|R - R_{\mathrm{ref}}| \leq \Delta R_{\max}) \\ \Delta\gamma_{V_{\max}} \mathrm{sgn}(R - R_{\mathrm{ref}}) & (|R - R_{\mathrm{ref}}| > \Delta R_{\max}) \end{cases} \tag{6.78}$$

进而,考虑再入过程中模型参数变化,将式中参数 k_t 进行自适应调整,其变化率如下:

$$\dot{k}_t = \frac{|R - R_{\text{ref}}|}{\Delta R^*} - k_t \tag{6.79}$$

其中，$\Delta R^* > 0$。

注 6.1 比例系数 k_t 影响射程偏差的收敛速率，过小的比例系数会导致收敛速度慢，降低轨迹跟踪精度；反之，过大的比例系数会增大速度滚转角修正量幅值，增大速度滚转角指令信号波动不利于姿态跟踪。因此，当射程偏差较小时，由于第二项的衰减作用，降低比例系数 k_t 来保证制导指令光滑便于跟踪；当射程偏差较大时，由于第一项会起到增大比例系数 k_t 的作用，因而会加快射程偏差的收敛。

6.5.8 自适应标准轨迹跟踪方法

尽管采用速度滚转角修正量可以实现射程偏差的收敛，但是由于线性化模型忽略了速度消耗对再入过程中交班点速度的影响，因此在一些气动组合情况下出现速度散布大甚至影响制导精度的问题。为此提出根据射程－速度偏差组合的轨迹跟踪策略，如图 6.26 所示。

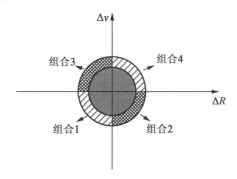

图 6.26 射程－速度偏差组合示意图

从图 6.26 可知，交班点处速度偏差 Δv 与射程偏差 ΔR 有以下四种不同组合：(1) $\Delta v < 0, \Delta R < 0$；(2) $\Delta v < 0, \Delta R > 0$；(3) $\Delta v > 0, \Delta R < 0$；(4) $\Delta v > 0, \Delta R > 0$。由于俯冲段制导方法对初始速度、射程偏差具有一定的适应能力，因此当交班点速度、射程偏差处于图中灰色区域时仍然可以得到较高的终端精度。但是，在实际飞行过程中，随着系统内部、外界不确定性范围的增大，实际的跟踪偏差往往出现在图中斜线阴影、网状区域。由纵向质心运动模型可知，对于组合 3 对应的情况，可以通过采用负数形式的速度滚转角修正量，在实现提高射程的同时增加速度的消耗，进而在减小射程偏差的同时降低速度的偏差。同理，组合 2 的情况下通过轨迹跟踪方法使网状区域情况下仍然满足设计需求。而对于组合 1、4 两种情况，由于在减小射程偏差的同时会增大速度偏差，因此产生了两种偏差不能同时收敛的矛盾。而这种情况在即使采用同时考虑速度偏差与射程偏差的轨迹跟踪方法中依然会出现,因此单一采用射程跟踪的方式可适应的不确定范围有限。基于以上分析,本节提出一种根据射程、速度偏差组合调节期望射程的策略,实现制导系统在偏差组合1、4情况下仍能够满足制导精度。

考虑到速度偏差对交班点速度及全段制导精度的影响,设计一种期望射程修正模块,其输入为速度偏差 Δv,输出为期望射程调节量 ΔR_{ref}。考虑到俯冲段螺旋机动在降低侧向偏差的同时消耗速度的特点,通过采用更新两段射程分配的方式改变俯冲段期望射程,进而通过螺旋机动调节速度达到降低落速散布的目的。期望射程修正量与速度偏差间关系如下:

$$\Delta R_{\text{ref}} = k_{V_c} \Delta v \tag{6.80}$$

其中, $k_{V_c} < 0$。

进而,可得速度滚转角修正量如下:

$$\Delta \gamma_V = \begin{cases} k_t (R - R_{\text{ref}} - \Delta R_{\text{ref}}) & (|R - R_{\text{ref}} - \Delta R_{\text{ref}}| \leq \Delta R_{\max}) \\ \Delta \gamma_{V_{\max}} \text{sgn}(R - R_{\text{ref}} - \Delta R_{\text{ref}}) & (|R - R_{\text{ref}} - \Delta R_{\text{ref}}| > \Delta R_{\max}) \end{cases} \tag{6.81}$$

$$\dot{k}_t = \frac{|R - R_{\text{ref}} - \Delta R_{\text{ref}}|}{\Delta R^*} - k_t \tag{6.82}$$

基于上述轨迹跟踪方法,可以得到考虑再入过程气动环境及飞行器参数不确定性时的制导指令幅值表达式如下:

$$\gamma_{V_a}^* = \gamma_{V_a} + \Delta \gamma_V \tag{6.83}$$

进而结合侧向逻辑判定方法,可以得到制导指令值表达式如下:

$$\gamma_V^*(t) = \begin{cases} -|\gamma_{V_a}^*(t)|\text{sgn}(z + k_5 \dot{z}) & (|z + k_5 \dot{z}| \geq \bar{z}) \\ |\gamma_{V_a}^*(t)|\text{sgn}(\gamma_V^*(t - h_t)) & (|z + k_5 \dot{z}| < \bar{z}) \end{cases} \tag{6.84}$$

结合以上分析与设计,得到适用于单滑块变质心再入飞行器再入段的制导算法如下:

算法6.1 单滑块变质心再入飞行器再入段的制导算法

Input $R_{\text{ref}}, v_{\text{ref}}$:参考轨迹射程、速度期望值

$[x, y, z]^{\text{T}}, [x_{\text{T}}, y_{\text{T}}, z_{\text{T}}]^{\text{T}}$:飞行器、目标点位置

$[v_x, v_y, v_z]^{\text{T}}$:飞行器速度

Output γ_V:速度滚转角

Parameters h_h:交班点高度

$\Delta R, \Delta v$:射程偏差、速度偏差

1. 初始化轨迹跟踪比例系数 k_t;
2. **while** $(h > h_h)$

3. 计算当前制导周期速度偏差 Δv 与射程偏差 ΔR；
4. 更新比例系数 k_t；
5. 计算期望轨迹修正量；
6. 获取速度滚转角指令修正值；
7. 结合存储标准轨迹指令幅值 γ_{V_a}，得到当前制导周期速度滚转角幅值 $\gamma_{V_a}^*$；
8. 采用侧向逻辑判定确定速度滚转角符号，进而获得当前制导周期速度滚转角指令 γ_V^*；
9. 由传感器、惯性定位环节等解算飞行器速度、位置信息；
10. **end while**
11. 根据交班点处飞行器状态获取误差角指令；
12. **while**($h>0$)
13. 计算当前时刻弹目相对运动速度、弹目距离、误差角；
14. 采用有限时间制导方法获取速度滚转角指令 γ_V；
15. 由传感器、惯性定位环节等解算、更新飞行器速度、位置信息；
16. **end while**

6.5.9 仿真分析

为了验证本节提出的考虑跟踪偏差联系的轨迹跟踪方法的有效性,在考虑不确定性情况下进行仿真试验。首先,在不同的气动环境下,分别采用本节提出的标准轨迹跟踪方法与基于变权重 LQR 标准轨迹跟踪方法进行对比仿真试验,验证本节提出方法在射程跟踪精度方面的有效性。并结合俯冲段制导方法进行再入段仿真试验,验证考虑跟踪偏差联系的轨迹跟踪方法应用于再入段的有效性。进而,分别考虑气动环境及飞行器参数不确定性进行蒙特卡洛试验,验证本节提出轨迹跟踪方法中考虑跟踪偏差联系在降低落速方面的有效性。最后,结合第 3 章提出的姿态控制方法进行仿真试验,验证所设计制导、控制方法在飞行器再入段中应用的有效性。仿真初始条件如表 6.3 所示。目标点位置选取为:总射程 800 km,射向正北。标准轨迹及其对应的制导指令通过前面给出的轨迹规划方法获得,轨迹跟踪参数:$\Delta R^* = 5\,000$,$k_{V_c} = -10.5$。

为了验证本节提出轨迹跟踪方法的有效性,在考虑气动系数存在不确定性情况下进行仿真验证,气动力系数不确定性组合为:(1) $\Delta C_A = -15\%$,$\Delta C_N = +15\%$;(2) $\Delta C_A = +15\%$,$\Delta C_N = -15\%$。同时,为了验证采用本节提出轨迹跟踪方法对降低再入过程落速变化范围的有效性,分别采用本节提出的标准轨迹跟踪方法(proposed standard trajectory tracking，PSTT)与基于变权重 LQR 的标准轨迹跟踪方法(variable-weighting LQR based standard trajectory tracking，VLQRSTT)[20]进行对比仿真试验,得到仿真结果如图 6.27 所示。

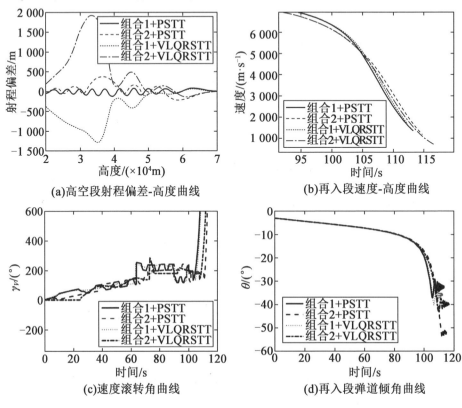

图 6.27 考虑气动系数不确定性对比仿真结果

由图 6.27(a)可知,由于本节提出的标准轨迹跟踪方法中仅考虑跟踪期望射程曲线并将速度偏差转化为期望射程修正量,因此射程跟踪偏差满足收敛且有界,相比于同时保证射程、速度等状态量收敛的 VLQRSTT 方法,PSTT 方法可以获得更低的射程偏差。再入过程中速度变化曲线如图 6.27(b)所示,由于本节提出的轨迹跟踪方法考虑到交班点处各状态量偏差对再入段终端速度的影响,因此在不同气动不确定性组合条件下获得较低落速偏差。速度滚转角曲线如图 6.27(c)所示,由于再入过程中根据不同气动环境采用了不同形式的制导方法,因此速度滚转角呈现出前期高空段较为平缓而后期俯冲段较陡的特点。而从弹道倾角曲线图 6.27(d)来看,四条曲线均呈现先减少后保持在某一值附近的变化趋势,这是由于临近目标阶段误差角收敛于小值附近,因此弹道倾角难以保持于固定值。由于在不考虑落角约束情况下,落角大小与俯冲段射程-下落高度比相关,因此本节提出方法为了降低落速散布在跟踪过程中调节了高空段与俯冲段的射程分配,导致落角变化范围也更大,说明本节提出的轨迹跟踪方法是在降低落速散布的同时牺牲了部分落角精度。

进而,为了验证本节提出的制导方法对考虑外界环境及飞行器参数不确定性再入过程的适应能力,分别考虑大气密度、轴向力系数、法向力系数及飞行器质量不确定性进行蒙特卡洛对比仿真试验,各参数不确定性范围如表 6.6 所示,试验次数为 100。高空段蒙特卡洛试验仿真结果如图 6.28 所示,相比于基于最优二次型的 VLQRSTT 轨迹跟踪方法,采用本节提出的自适应参数轨迹跟踪方法在交班点处射程、速度散布均比较大。但是,由于本节提出的轨迹跟踪方法考虑了交班点处跟踪偏差间的联系,通过期望射程修正环节实现了交班点速度与射程状态量间的配合。进而结合俯冲段飞行过程对于初始条件不确定性的适应能力,可以在保证终端制导精度的同时降低由外界环境、飞行器参数不确定性导致的落速散布。例如,当气动力系数、大气密度、飞行器质量不确定性满足 $\Delta C_A = +13.49\%$,$\Delta C_N = -1.32\%$,$\Delta \rho = +3.2\%$,$\Delta m_T = -2.19\%$ 时,由于阻力比标称情况下大,$\Delta v < 0$,此时由于采用了期望射程修正环节,在线增大了高空段的期望射程,因此该种情况下高空段射程为 755.13 km。当考虑交班点处射程与速度组合对落地时刻速度影响时,采用增加高空段射程来降低俯冲段射程,通过减少俯冲段减速时间,在保证制导精度的同时提高落速来降低由不确定性对落速的影响是合理的,这一点从再入段蒙特卡洛仿真结果也可以得到验证。

表 6.6 参数不确定性说明

参数	分布类型	偏差范围
大气密度	正态分布	$-15\% \sim 15\%$
轴向力系数	正态分布	$-15\% \sim 15\%$
法向力系数	正态分布	$-15\% \sim 15\%$
飞行器质量	正态分布	$-5\% \sim 5\%$

再入段蒙特卡洛试验结果如图 6.29 及表 6.7 所示,采用本节提出的轨迹跟踪方法与 VLQRSTT 方法落点偏差均在 10 m 以内,但是采用本节方法可以得到更低的落点偏差均值及标准差。另外,在降低落速散布方面本节提出的方法具有明显的优势,相比于 VLQRSTT 方法,落速偏差的标准差减少了 46.2%。

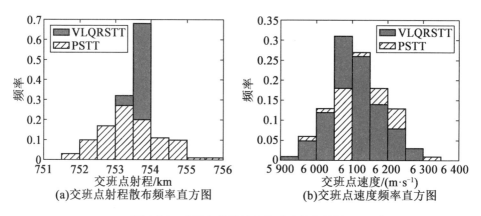

图 6.28 交班点处蒙特卡洛试验仿真结果

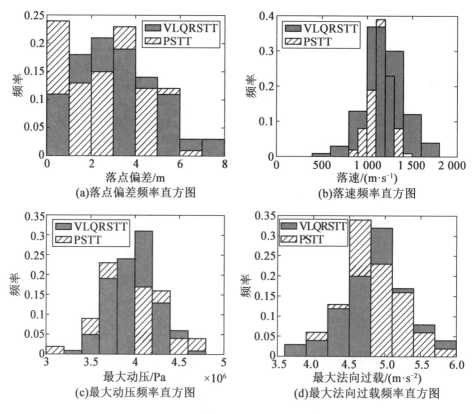

图 6.29 蒙特卡洛试验仿真结果

表 6.7　蒙特卡洛试验统计结果

参数	均值		标准差	
	PSTT	VLQRSTT	PSTT	VLQRSTT
落点偏差/m	2.75	3.15	1.73	1.78
落速/$(m \cdot s^{-1})$	1152.54	1196.99	118.10	219.52
最大动压/MPa	3.95	4.00	0.32	0.27
最大法向过载/$(m \cdot s^{-2})$	4.830	4.878	0.384	0.444

最后,为了验证本章提出的高空段制导方法应用于再入段时的效果,分别采用考虑执行器输入饱和的姿态控制方法、俯冲段制导方法与本章提出高空段制导方法进行仿真试验,设定总射程为 826 km,射向正北。得到仿真结果如图6.30 所示。

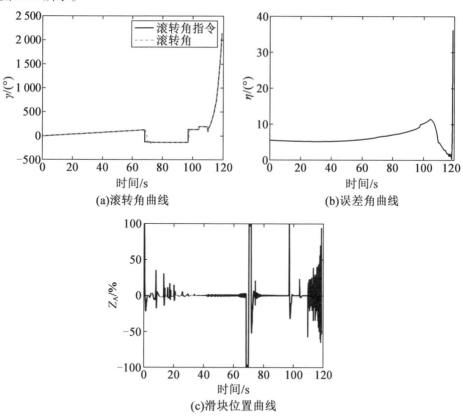

图 6.30　未采用滤波器仿真结果

滚转角曲线如图 6.30(a)所示,由于再入段制导规律设计过程中采用了分段的设计思路,高空段指令变化相对缓慢,该段由于采用基于预设性能的控制器,可以保证姿态角快速跟踪指令,并保证跟踪误差有限时间收敛。而在俯冲段,由于再入飞行器通过高速旋转消除侧向偏差的方式提高制导精度,该段过程姿态控制环节中滚转角指令变化较为剧烈,而指令的剧烈变化会导致部分时段跟踪误差超出误差函数限定范围且在高度低于 10 000 m 临近目标阶段更为明显。尽管本节提出的改进预设性能方法通过更新性能函数及改进误差转换函数,保证了在出现误差超出范围后控制器仍然正常工作,但是由于性能函数在更新过程中增大误差上下界牺牲了一部分的跟踪精度。因此,在俯冲阶段尤其高度低于 10 000 m 后采用基于预设性能的控制器会对制导精度产生一定的不利影响。误差角曲线如图 6.30(b)所示,由于在俯冲段采用了有限时间制导方法,误差角可在临近目标阶段收敛至较小值附近。但是,由于弹目距离较小时 $v\sin\eta/l$ 项增大而造成误差角短暂发散,对制导精度造成一定的影响,因此终端落点偏差为 15.15 m。滑块位置曲线如图 6.30(c)所示,由于在控制器设计中通过引入辅助系统及非线性限幅环节,因此滑块在除临近目标阶段(高度小于 10 000 m)输入饱和及运动剧烈程度较低,但是在临近目标阶段随着误差角减小引起的高速旋转会导致滑块运动剧烈,对飞行器的稳定性造成影响。另外,尽管采用非线性限幅可以在一定程度上达到降低滑块运动剧烈程度的目的,但非线性限幅环节中幅值上界受到预先依据经验给定的功率约束 P_{max} 影响,导致其变化范围较小。因此,为了降低临近目标阶段滑块运动的剧烈程度,需要在控制规律设计中动态调节功率约束 P_{max} 及限幅环节上界。

进而考虑由于制导指令快速变化及不够光滑造成的滑块剧烈运动问题,在制导环节与姿态跟踪环节加入式(6.85)滤波环节得到仿真结果如图 6.31 所示。

$$\tau \dot{\gamma}_c + \gamma_c = \gamma_V, \quad \gamma_c(0) = \gamma_V(0) \quad (6.85)$$

其中,时间常数 $\tau = 0.5$;γ_c、γ_V 分别为滚转角指令与制导指令。

由图 6.31 可知,由于采用滤波器对制导指令进行了处理,因此降低了临近目标阶段飞行器的滚转速度。这样虽然可以有效地减少滑块运动剧烈程度及输入的饱和,但是由图 6.31(b)中误差角的收敛情况可以发现采用滤波器会影响误差角的收敛。进而,该种情况下落点偏差增大为 37.83 m。

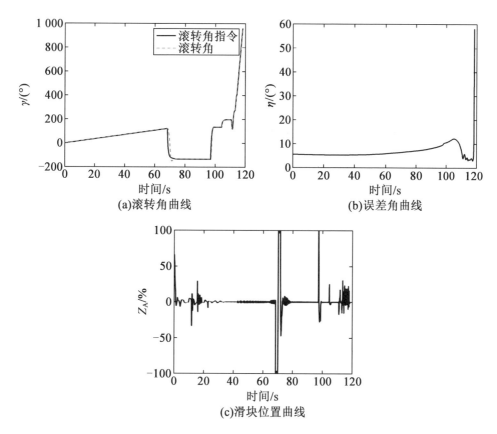

图 6.31 采用滤波器仿真结果图

6.6 考虑落速散布的有限时间制导方法

区别于其他种类变质心再入飞行器,本节研究的单滑块变质心再入飞行器由于仅能对滚转通道进行直接控制,因此在俯冲段制导规律设计过程中带来了如下的困难:(1)跟踪机动目标点过程中,目标速度在垂直弹目连线方向分量影响误差角收敛及制导精度,且随着弹目距离的减少而变得愈发明显;(2)单一滚转通道控制导致攻角大小不可控,飞行器受外界影响速度散布大;(3)单一速度滚转角难以直接与三维空间内落角约束建立联系,难以采用传统的基于俯冲 - 转弯双平面制导方法;(4)飞行器的高速旋转在提高制导精度的同时带来的滑块剧烈运动会影响飞行器的稳定性。因此,需要在俯冲段制导规律设计过程中通过设计策略解决上述困难。

针对上述问题，本章研究内容主要从提高跟踪地面机动目标精度、降低落速散布、提高考虑落角约束高速俯冲过程制导精度及降低俯冲阶段滚转速度三方面开展研究。跟踪地面机动目标方面，由于本节研究对象在再入过程中升力大小不可控，目标点垂直于弹目连线分量引起临近目标阶段误差角发散且趋近于无穷大，因此传统的将目标机动视作干扰的制导方法难以应用。因此通过预测飞行器落点，并以此代替实际目标点，降低目标机动对制导精度的影响。降低落速散布方面，由于攻角大小不可控，已有基于跟踪参考速度曲线的方法难以应用，需要从减速过程出发，设计对应的制导规律。考虑落角约束方面，单一滚转通道控制带来的欠驱动特性造成已有的俯冲-转弯双平面制导方法难以应用于单滑块变质心再入飞行器，因此需要在制导规律设计中引入虚拟目标点，将以期望落角跟踪目标问题转化为跟踪以期望落角运动的虚拟目标问题。降低滚转速度方面，现有文献鲜有对该方面问题开展研究。因此，需要结合俯冲段飞行过程，通过设计误差角指令变化趋势以降低滚转速度。

基于上述分析，本章围绕俯冲段制导方法开展研究。针对地面固定目标的制导规律设计问题，从保证制导精度、降低飞行器滚转速率与减少飞行器落速散布三个方面出发，研究一种基于虚拟目标点的制导方法。首先，从误差角收敛动态过程出发，在对俯冲过程各状态量变化趋势分析的基础上，设计一种以高度为自变量的非线性形式误差角指令，在满足制导精度的前提下降低俯冲阶段的滚转角速度。其次，针对气动环境、飞行器参数不确定性造成落速散布大的问题，通过引入虚拟目标点，采用实时反馈速度偏差调整虚拟目标点位置的方式，调节误差角动态变化过程，在保证制导精度的同时减少落速的散布。针对以期望落角跟踪地面机动目标问题，研究基于落点预测和虚拟目标点的制导方法。首先通过预测飞行器的落点，将跟踪机动目标问题转化为跟踪固定目标问题。进而，通过引入虚拟目标点，将以期望落角跟踪目标问题转化为跟踪以期望角度运动的虚拟目标点问题，实现以期望落角跟踪地面机动目标。

6.6.1　问题描述

由前面建立的弹目相对运动模型可得俯冲段制导规律设计模型

$$\begin{cases} \dot{l} = -v\cos\eta \\ \dot{\eta} = \dfrac{v\sin\eta}{l} - \dfrac{L\cos(\xi-\gamma_V)}{m_\mathrm{T} v} + d_\eta \end{cases} \qquad (6.86)$$

定义状态变量 $x_{t_1}=l, x_{t_2}=\eta, u_t=\cos(\xi-\gamma_V)$，整理得到非线性形式的制导规律设计模型如下：

$$\begin{cases} \dot{x}_{t_1} = f_{t_1}(x_{t_2}, t) \\ \dot{x}_{t_2} = f_{t_2}(x_{t_1}, x_{t_2}, t) + g_{t_2}(t)u_t + d_\eta \end{cases} \quad (6.87)$$

其中，$f_{t_1}(x_{t_2}, t) = -v\cos x_{t_2}$；$f_{t_2}(x_{t_1}, x_{t_2}, t) = \dfrac{v\sin x_{t_2}}{x_{t_1}}$；$g_{t_2}(t) = -\dfrac{L}{m_\mathrm{T}v}$。

进而，为了方便后续制导规律设计与稳定性证明，给出以下假设。

假设 6.4 非线性系统(6.87)中的干扰项 d_η 及其导数 $\dot{d}_\eta$ 具有有界性，即 $|d_\eta| \leqslant d_{\eta 1\max}$，$|\dot{d}_\eta| \leqslant d_{\eta 2\max}$。

由设计模型可知，当误差角收敛且保持为零时，飞行器运动方向将朝向目标点，从而达到较高的制导精度。然而，不同于攻角可控的再入飞行器，单滑块变质心再入飞行器由于其控制量仅为滚转角，攻角为配平值，其升力大小不可控且不为零，即 $g_{t_2} \neq 0$。因此，在误差角收敛至零后，当且仅当 $\cos(\xi - \gamma_V) = -d_{t_2}/g_{t_2}(t)$ 时可以实现 $\eta = \dot{\eta} = 0$。而由弹目相对运动模型可知，当误差角为零时，由于项 $\cot \eta$ 趋近于无穷，为了避免由于 $\dfrac{L}{m_\mathrm{T}v}\cot \eta \sin(\xi - \gamma_V)$ 造成飞行器旋转速度趋近于无穷的现象的发生，仅能通过调节速度滚转角使得 $\sin(\xi - \gamma_V) = 0$ 成立。结合定义可知条件 $\cos(\xi - \gamma_V) = -d_{t_2}/g_{t_2}(t)$ 与 $\sin(\xi - \gamma_V) = 0$ 难以同时满足。因此，该类飞行器制导规律设计中难以实现误差角 η 及其导数同时为零，即难以通过误差角快速收敛至零消除落点偏差。另外，考虑到采用较小的终端误差角在降低落点偏差的同时会因引起过高速率的旋转影响飞行器稳定性，需要在设计误差角指令的过程中平衡飞行器稳定性与落点偏差，得到合适的误差角指令。

另外，由控制量 u_t 的表达形式可知，设计模型的控制量有界且满足 $u_t \in [-1,1]$，从而导致误差角的收敛能力有限，其收敛能力主要取决于两个方面，升力大小和速度大小。由于飞行器在俯冲过程中速度大小在无动力的情况下单调递减、升力大小的变化受速度及飞行高度变化的影响呈先增大后减小的趋势，因此在设计误差角指令时需要根据以上分析，得到变化速率具有"前慢后快"，且连续光滑误差角指令。

结合以上分析可以得到如下制导规律设计问题：

问题 6.2 针对满足假设 6.4 的设计模型，设计俯冲段制导方法，在考虑外界复杂飞行环境及飞行器参数不确定性前提下，实现命中地面固定目标的同时降低落速的散布及俯冲段飞行器的滚转角速度。

针对问题 6.2，结合飞行器自身特点分别提出连续非线性误差角指令和采用虚拟目标点代替实际目标点的策略，得到基于虚拟目标点及非线性误差角指令有限时间制导方法，在保证制导精度的前提下降低落速散布及减小俯冲阶段的滚转速度。

方法 6.2（基于虚拟目标点及非线性误差角指令的有限时间制导方法） 针对单滑块变质心再入飞行器俯冲阶段制导规律设计问题，首先在分析误差角幅值与飞行器滚转速率间关系的基础上设计一种连续、非线性形式的误差角指令，在实现较高终端精度的同时降低了俯冲阶段飞行器的滚转速度。进而，通过引入虚拟目标点建立速度偏差与误差角变化的联系，通过利用误差角对再入飞行器减速过程的调节能力，在获得较高终端精度的同时降低由外部环境不确定性对落速散布造成的影响，制导方法流程图如图 6.32 所示。

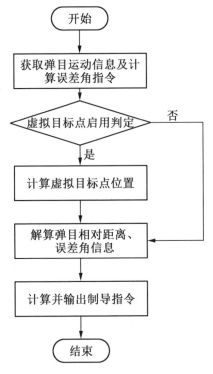

图 6.32 基于虚拟目标点及非线性误差角指令有限时间制导方法流程图

该方法主要步骤如下：

步骤 1：初始弹目相对运动模型建立及误差角指令构建

根据传感器、惯性定位环节解算俯冲段初始时刻飞行器位置、速度信息及目标点位置信息，结合弹目相对运动模型计算得到初始时刻误差角、弹目距离、相对速度，进而根据飞行器初始高度 h_0 计算获得俯冲阶段误差角指令，并跳转至步骤 2。

步骤 2：弹目相对运动信息更新及虚拟目标点启用判定

根据步骤 1 中得到的弹目距离进行虚拟目标点启用判定，如果弹目相对距离满足系统判定条件则启用虚拟目标点,并进入步骤3。否则,跳转至步骤4。

步骤3:虚拟目标点位置获取

实时计算并更新虚拟目标点位置,将其取代实际目标点,重新计算当前制导周期误差角、弹目距离、相对速度,并跳转至步骤4。

步骤4:制导指令计算

根据获得的弹目相对运动速度、弹目距离、误差角等信息,通过采用有限时间制导方法,获得当前制导周期的制导指令。

6.6.2 误差角指令与虚拟目标点设计

根据误差角与再入过程飞行器旋转速率关系的定性分析,在设计俯冲段有限时间制导方法前,首先对误差角指令 η_c 进行设计。在选取描述误差角指令的自变量时主要考虑以下两个方面:(1)飞行过程中呈单调变化趋势;(2)具有确定的初值与终值。尽管时间 t 在俯冲过程中符合条件1,但是由于飞行总时间难以确定,不符合条件2,而弹目运动距离在考虑地面目标点时虽然满足条件2,但在部分阶段由于飞行轨迹呈螺旋形状而不严格满足条件1。因此,考虑到飞行高度同时满足上述条件,选取飞行器高度作为描述误差角指令的自变量较为合适。

同时考虑误差角指令的连续、可导以及误差角变化趋势的分析,得到误差角指令如下:

$$\eta_c = \eta_{c_1}(1 - (h - h_\eta)^2/h_\eta^2) + \eta_{c_2} \tag{6.88}$$

其中,参数 h_η、η_{c_1}、η_{c_2} 均为非负常数。

由误差角指令形式可知,参数 η_{c_1}、η_{c_2} 分别代表了误差角指令在高度 h_η 和 0 处的取值。其中,俯冲段初始阶段中 η_{c_1} 对误差角指令的影响大于 η_{c_2},是此阶段主要考虑因素,并对整个俯冲过程内"平均误差角"有着较大的影响。而随着高度的下降,参数 η_{c_2} 对误差角指令的影响将愈发明显并决定了落地时刻的误差角指令。由于过小的误差角指令会带来高速旋转,因此在选取参数 η_{c_2} 时需要权衡制导精度和误差角收敛过程中的高度旋转对飞行器稳定性的影响。

另外,为了降低由于气动力等不确定性对俯冲段落速散布的影响,在俯冲阶段引入虚拟目标点。考虑到俯冲阶段落速大小与误差角间的关系,即误差角越大,落速越小。采用虚拟目标点建立减速过程与误差角指令的联系,通过反馈速度偏差对虚拟目标点位置进行实时调整,有效地降低落速的散布。变质心再入飞行器-虚拟目标点纵向平面内示意图如图6.33所示。

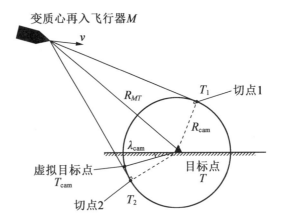

图 6.33　纵向平面内虚拟目标点示意图

由图 6.33 可知,再入飞行器、实际目标点位置分别为 M、T。为了降低俯冲过程中由外部环境及飞行器参数不确定性造成的落速散布,引入虚拟目标点 T_{cam},并定义弹目距离、虚拟目标 - 实际目标距离分别为 R_{MT}、R_{cam},通过设计 R_{MT}、R_{cam} 间关系及虚拟目标点方位角 λ_{cam}、ψ_{cam} 实现对误差角收敛过程的调节,最终实现降低落速的散布。另外,为了研究纵向平面内不同方位角处虚拟目标点对飞行器减速过程的影响,定义切线 MT_1 与 MT_2。进而,采用极坐标描述虚拟目标点相对于实际目标点的位置矢量 $\boldsymbol{P}_{cam}$ 表示如下:

$$\boldsymbol{P}_{cam} = [R_{cam}, \lambda_{cam}, \psi_{cam}]^T \tag{6.89}$$

其中,λ_{cam}、ψ_{cam} 为描述虚拟目标点的方位角。

同时,为了减少在临近目标阶段虚拟目标点的机动对于误差角收敛的影响,给出虚拟目标点启用条件如下:

$$R_{cam} = \begin{cases} k_{cam} R_{MT} & (R_{MT} \geqslant R_{min}) \\ 0 & (R_{MT} < R_{min}) \end{cases} \tag{6.90}$$

其中,比例系数 $0 < k_{cam} < 1$;$R_{min} > 0$。

进而可以得到虚拟目标点位置如下:

$$\begin{cases} x_{cT} = x_T - R_{cam} \cos \lambda_{cam} \cos \psi_{cam} \\ y_{cT} = y_T - R_{cam} \sin \lambda_{cam} \\ z_{cT} = z_T + R_{cam} \cos \lambda_{cam} \sin \psi_{cam} \end{cases} \tag{6.91}$$

根据上式可以计算得到采用虚拟目标点的弹目间距离及误差角。当采用虚拟目标点时,通过弹目相对运动模型得到的误差角会与实际误差角产生偏差。相比于侧向运动,由于飞行器在纵向平面内弹目相对位置关系更加固定,参数 λ_{cam} 对于落速的影响规律更加明显,其规律为:在方位角 $\psi_{cam} = 0$ 时,当 $\lambda_{cam} >$

$\arctan((y_T-y)/(x_T-x))$ 时,由于计算得到的误差角大于实际误差角,因此在误差角收敛速率相同时再入过程"平均误差角"增大,进而导致俯冲阶段飞行时间增加,最终由于大气阻力的作用而造成落速减少;反之,当 $\lambda_{cam} < \arctan((y_T-y)/(x_T-x))$ 时落速会增大。因此,利用上述得到的规律可以得到当气动力存在不确定性时减少落速散布的方法如下:

$$\begin{cases} \lambda_{cam} = \lambda_{cam0} + k_{camv}\Delta v \\ \psi_{cam} = 0 \end{cases} \quad (6.92)$$

其中,λ_{cam0} 为常量;$k_{camv} > 0$;速度偏差 $\Delta v = v - v_{ref}$ 为再入飞行器实际速度与标称速度的偏差;v_{ref} 为标称轨迹对应速度。

同时考虑到不同 λ_{cam} 对落速的影响,在上式的基础上给出有界函数得到方位角 λ_{cam} 表达式为

$$\lambda_{cam} = \begin{cases} \lambda_{max} & (\lambda_{cam0} + k_{cam}\Delta v \geq \lambda_{max}) \\ \lambda_{cam0} + k_{camv}\Delta v & (\Delta\lambda_{min} < \lambda_{cam0} + k_{cam}\Delta v < \Delta\lambda_{max}) \\ \lambda_{min} & (\lambda_{cam0} + k_{cam}\Delta v \leq \lambda_{min}) \end{cases} \quad (6.93)$$

其中,λ_{min}、λ_{max} 为常量。

由虚拟目标点、飞行器及实际目标点三者间位置关系可知,当仅考虑虚拟目标点位于纵向平面内且 $\psi_{cam0} = 0$ 时,方位角 λ_{cam} 的取值范围可表示为

$$\lambda_{cam} \in [-\arccos k_{cam} - \arctan(|(y_T-y)/(x_T-x)|),$$
$$\arccos k_{cam} - \arctan(|(y_T-y)/(x_T-x)|)] \quad (6.94)$$

其中,$[x \ y]^T$、$[x_T \ y_T]^T$ 分别为飞行器与实际目标点位置。

由方位角 λ_{cam} 取值范围可知,其上下界分别对应图 6.33 中切点 T_1、T_2。进而结合上述设计过程可得基于虚拟目标点制导规律设计中需用的弹目距离与误差角表达式如下:

$$\begin{cases} l = \sqrt{(x_{cT}-x)^2 + (y_{cT}-y)^2 + (z_{cT}-z)^2} \\ \eta = \arccos \dfrac{|v_x(x_{cT}-x) + v_y(y_{cT}-y) + v_z(z_{cT}-z)|}{vl} \end{cases} \quad (6.95)$$

6.6.3 基于虚拟目标点的俯冲段有限时间制导方法

针对问题 6.2,给出如下定理:

定理 6.4 针对满足假设 6.4 的系统式(6.87),在误差角指令、虚拟目标点式(6.89)及制导指令式(6.96)共同作用下,当参数选取满足不等式(6.97)时,可以保证制导系统状态量 x_{t_1} 及跟踪误差 $(x_{t_2} - \eta_c)$ 有限时间收敛。

$$u_t = g_{t_2}^{-1}(-k_\eta \operatorname{sig}^{\alpha_\eta}(s_\eta) - f_{t_2}(x_{t_1}, x_{t_2}, t) - M_t \operatorname{sgn}(s_\eta) + \dot{\eta}_c) \quad (6.96)$$

$$M_t > |d_{t_2}| \tag{6.97}$$

证明：(1)首先证明跟踪误差$(x_{t_2} - \eta_c)$有限时间收敛。

定义跟踪误差$x_{t_2} - \eta_c$为动态面

$$s_\eta = e_\eta = x_{t_2} - \eta_c \tag{6.98}$$

其中，误差角指令η_c为待设计变量。

对上式求导可得

$$\dot{s}_\eta = \dot{x}_{t_2} - \dot{\eta}_c = f_{t_2}(x_{t_1}, x_{t_2}, t) + g_{t_2}(t)u_t + d_\eta - \dot{\eta}_c \tag{6.99}$$

考虑到误差角及其跟踪误差的范围，采用如下的分数阶函数形式滑模趋近律：

$$\dot{s}_\eta = -k_\eta \mathrm{sig}^{\alpha_\eta}(s_\eta) \tag{6.100}$$

其中，$k_\eta > 0, 0 < \alpha_\eta < 1$。

联立上面两式，即可得到控制量u_t的表达式如下：

$$u_t = g_{t_2}^{-1}(-k_\eta \mathrm{sig}^{\alpha_\eta}(s_\eta) - f_{t_2}(x_{t_1}, x_{t_2}, t) - M_t \mathrm{sgn}(s_\eta) + \dot{\eta}_c) \tag{6.101}$$

其中，$M_t > 0$。

最终得到制导指令

$$\gamma_V = \begin{cases} \xi & (u_t > 1) \\ \xi - \arccos u_t & (|u_t| \leq 1) \\ \xi - \pi & (u_t < -1) \end{cases} \tag{6.102}$$

进而，定义候选Lyapunov函数

$$V_\eta = \frac{1}{2} s_\eta^2 \tag{6.103}$$

对其求导并代入式(6.101)得到

$$\begin{aligned} \dot{V}_\eta &= s_\eta \dot{s}_\eta \\ &= s_\eta (\dot{x}_{t_2} - \dot{\eta}_c) \\ &= s_\eta (f_{t_2}(x_{t_1}, x_{t_2}, t) + g_{t_2}(t)u_t + d_{t_2} - \dot{\eta}_c) \\ &= s_\eta (-k_\eta \mathrm{sig}^{\alpha_\eta}(s_\eta) - M_t \mathrm{sgn}(s_\eta) + d_{t_2}) \\ &\leq -k_\eta |s_\eta|^{\alpha_\eta + 1} - M_t |s_\eta| + |d_{t_2} s_\eta| \end{aligned} \tag{6.104}$$

根据假设6.4，可得如下不等式成立：

$$\dot{V}_\eta \leq -k_\eta |s_\eta|^{\alpha_\eta + 1} \leq -k_\eta (2V_\eta)^{\frac{\alpha_\eta + 1}{2}} \leq -2^{\frac{\alpha_\eta + 1}{2}} k_\eta V^{\frac{\alpha_\eta + 1}{2}} \tag{6.105}$$

因此，误差角跟踪误差$(x_{t_2} - \eta_c)$有限时间收敛。

(2)证明采用虚拟目标点可以使得制导系统状态量x_{t_1}有限时间收敛。

由跟踪误差$(x_{t_2} - \eta_c)$有限时间收敛证明过程可知，系统的状态量x_{t_2}可在有限时间跟踪误差角指令η_c。根据误差角指令的定义可知，在$h = 0$时，误差角可收敛于η_{c2}附近。进而结合式(6.86)弹目相对运动模型，可知弹目相对距离l可收敛于 0 附近,保证飞行器跟踪虚拟目标点的精度。同时,考虑到虚拟目标点与实际目标点相对距离满足式(6.91),当 $R_{MT}(t) < R_{\min}$ 时虚拟目标点与实际目标点重合,进而结合以上证明过程可知,落地时刻实际弹目相对距离可收敛于 0 附近,即实现系统状态量 x_{t_1} 有限时间收敛。

证毕。

注 6.2 由于控制量 u_t 有界,故而在俯冲过程中会存在 $|u_t| > 1$ 的阶段。由设计模型可以发现,较小的弹目距离或不足的气动力 L 均会导致控制能力不足而造成控制量 $|u_t| > 1$,而这两种情况分别发生在俯冲段前期和临近目标点阶段,且受限于飞行器特点不可完全消除。在俯冲段前期气动力不足时,虽然会出现 $|u_t| > 1$ 的情况,但是对误差角的收敛影响较小,且这个阶段随着飞行高度的下降而结束。而临近目标点时,较小的弹目距离会使得控制量 $|u_t| > 1$,进而影响误差角的收敛,甚至出现发散的情况,而且由于该阶段出现在临近落地时刻,对制导精度会有一定的影响,因此制导精度不能无限接近于零。

6.6.4 仿真分析

为了验证本节提出的结合非线性误差角指令、虚拟目标点俯冲段制导方法的有效性与鲁棒性,分别在标称情况与考虑不确定性情况下进行仿真试验。标称情况下,设定任务为打击地面固定目标,首先采用本节提出的误差角指令进行仿真试验,验证本节提出制导方法对于打击地面固定目标的效果。然后,开展不同误差角指令仿真试验,验证采用本节提出的误差角指令在降低飞行器滚转速率方面的效果。进而,分别进行采用虚拟目标点与未采用虚拟目标点的仿真试验,验证虚拟目标点对飞行器落速的影响效果。在不确定性情况下,分别考虑外界气动环境与飞行器参数不确定性,验证采用本节提出制导方法时系统的鲁棒性与在降低落速散布方面的有效性。目标点和再入飞行器初始状态分别如表 6.8 和表 6.9 所示。误差角指令参数:$\eta_{c1} = 6°, \eta_{c2} = 0.5°, h_\eta = 20\,000$ m;制导律参数:$k_\eta = 2.5, \alpha_\eta = 0.8$;虚拟目标点参数:$k_{cam} = 0.5, R_{\min} = 10\,000$ m。

表 6.8 目标点初始状态

状态变量	变量值
x_T/km	48.00
y_T/km	−0.18
z_T/km	0

表6.9 再入飞行器初始状态

状态变量	变量值	状态变量	变量值
x/km	0.0	速度/$(\text{m}\cdot\text{s}^{-1})$	7 000.0
y/km	20.0	弹道倾角/$(°)$	-10.0
z/km	0.0	弹道偏角/$(°)$	0

首先,为了验证本节提出的针对地面固定目标制导方法的有效性,在给定初始条件的基础上进行标称情况下的仿真试验,并得到仿真结果如图6.34所示。如图6.34(a)、图6.34(b)所示,由于采用高速滚动消除(减少)侧向偏差对制导精度的影响,飞行器轨迹呈现螺旋形状,并随着高度的下降变得更加剧烈。速度滚转角及控制量 u_t 如图6.34(c)、图6.34(d)所示,由于俯冲段初期气动力不足难以实现高速旋转而导致控制量 $u_t>1$,而随着高度的下降控制量逐渐降低,满足 $u_t<1$ 使得飞行器可以通过高速旋转减少侧向偏差,最后在临近目标时由于弹目距离的减小再次导致控制量 $u_t>1$,上述过程的仿真结果与理论分析趋势保持一致。误差角跟踪指令如图6.34(e)所示,为了在保证制导精度的前提下降低由于高速旋转对飞行器稳定性的影响,本节提出了一种以高度为自变量的非线性误差角指令,并采用了有限时间收敛形式的趋近律对误差角指令进行跟踪,进而实现在落地前误差角指令达到最小值,避免了由于误差角提前收敛至最小值而造成的飞行器高速旋转。而当弹目距离 l 收敛接近0时,误差角导数由于第一项分母趋近于0而出现短暂的发散,这也与图6.34(e)中呈现出的趋势一致。但是,由于出现发散阶段飞行器已然接近地面,因此这种发散对制导精度影响不大。

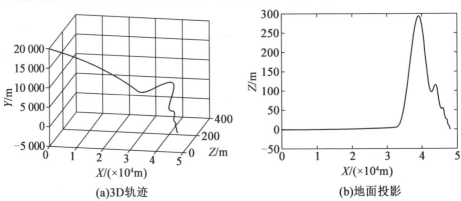

(a)3D轨迹　　　　　(b)地面投影

图6.34 标称情况下仿真结果

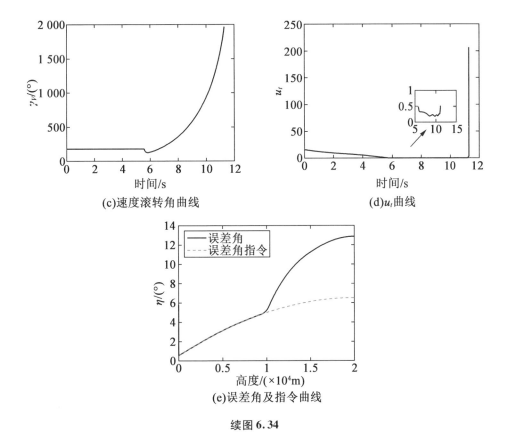

续图 6.34

为了验证误差角指令对俯冲段制导系统的影响情况,将采用本节设计的误差角指令与其他文献提出的误差角指令进行对比仿真分析,文献中误差角指令形式如下:

$$\eta_c = 1° \tag{6.106}$$

$$\eta_c = \begin{cases} \eta_m & (l \geqslant l_m) \\ -\dfrac{2\eta_m}{l_m^3}l^3 + \dfrac{3\eta_m}{l_m^2}l^2 & (l < l_m) \end{cases} \tag{6.107}$$

其中,$l_m = 20\,000\ \text{m}$。

同时,为了方便比较误差角指令对制导系统的影响,在对比仿真中不加入虚拟目标点,得到仿真结果如图 6.35 所示。对比仿真结果如表 6.10 所示,相比于常值误差角指令,由于本节提出的误差角指令在高度为零时达到最小值 η_{c_2},可以通过调节该参数获得更高的终端精度。而相比于文献中给出的误差角指令,由于两种指令在临近目标点时误差角指令均达到最小值,因此对应落点偏差可达到 1 m 以内,但是该种制导指令设计中未考虑误差角收敛对飞行器滚转运动速度的影响,造成了由于误差角过早收敛至最小值而在飞行器临近目标点时出现滚转速度陡增的问题。速度滚转角指令及误差角收敛情况如图 6.35 所示,由于本节在设计误差角指令时考虑了误差角跟踪其指令过程对飞行器滚转运动的影响,相比于采用文献中的误差角指令,采用本节误差角指令可以在保证制导精度的前提下产生最低速度的滚转运动,因此具有如下两方面优势:(1)当考虑姿态跟踪控制时,低速的运动可以降低跟踪难度,同时由第 2 章开环分析可知,避免高速旋转也可以降低系统出现不稳定的风险;(2)由于本节设计中主要考虑终端精度需求且目标点无机动,因此通过误差角指令的合理设计降低该种情况下滚转角速度需求可以尽可能地保留裕度,为后续考虑目标点机动、落角约束等情况下的制导规律设计减少压力。综合以上分析可知,采用本节提出的误差角指令可以在牺牲部分终端制导精度的前提下降低飞行过程中的旋转速度。

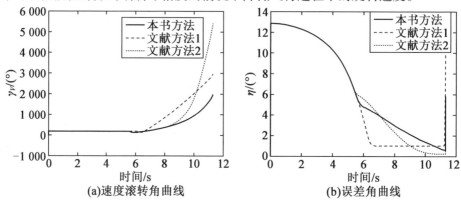

图 6.35　不同误差角指令对比仿真结果

表 6.10　不同误差角指令仿真结果

误差角指令	落速/(m·s^{-1})	落点偏差/m	终端弹道倾角/(°)	终端弹道偏角/(°)
本节方法	1 719.5	0.54	−34.45	0.71
文献方法 1	1 726.3	2.18	−33.95	0.51
文献方法 2	1 723.7	0.07	−34.29	1.99

进而,为了验证虚拟目标点对飞行器减速过程的影响及对落速的调节能力,在以目标点为球心的球面上分别选取位于目标点下方与上方区域的虚拟目标点,并与未引入虚拟目标点情况进行对比,虚拟目标点参数设定为:(1) $\lambda_{cam} = +90°$, $\psi_{cam} = 0°$;(2) $\lambda_{cam} = (-90 + 10\sin 0.1t)°$, $\psi_{cam} = (20\cos 0.2t)°$。对比仿真试验结果如图 6.36 所示。

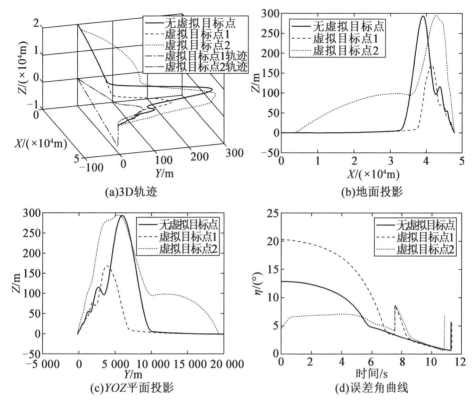

图 6.36 不同虚拟目标点情况下再入轨迹

由图 6.36(a)~(c)可知,由于采用了虚拟目标点在俯冲段初始阶段代替实际目标点,可以对飞行器侧向运动进行调节,进而改变俯冲阶段飞行轨迹。从图 6.36(d)中的误差角曲线可以看出,引入虚拟目标点可有效地改变俯冲阶段误差角动态过程。考虑到无动力飞行器再入过程中减速主要受到阻力影响,较大的误差角通过减少弹目连线速度分量而增大了减速时间,进而带来更小的落速。反之,较小的误差角则会通过增大弹目连线速度分量而减小减速过程的时间,进而带来更大的落速。另外,三种形式对应的落点偏差分别为 0.54 m、0.40 m 和 0.70 m,这也说明了引入虚拟目标点对制导精度的影响很小。

为了验证不同虚拟目标点对落速的影响,分别采用常值方位角形式的虚拟目标点,其对应落速如表 6.11 所示。

表 6.11 不同虚拟目标点对应落速

$\lambda_{cam}/(°)$	$\psi_{cam}/(°)$	落点偏差/m	落速/(m·s^{-1})
∅	∅	0.54	1 719.52
70	0	0.41	1 678.39
40	0	0.40	1 677.79
0	0	0.41	1 685.89
-40	0	0.56	1 726.83
-70	0	0.68	1 853.30
0	70	0.54	1 738.10
0	40	0.61	1 704.34
0	-40	0.61	1 747.85
0	-70	0.45	1 787.65

注:∅表示未采用虚拟目标点。

由表 6.11 可知,方位角 λ_{cam} 与 ψ_{cam} 均会对俯冲段落速造成影响,但是方位角 λ_{cam} 对落速的影响在一定范围内具有单调性,其规律可描述为:当 $\lambda_{cam} \in [\lambda_{min}, \lambda_{max}]$ 时,落速随方位角 λ_{cam} 的增大而减小。方位角最大值与最小值可根据图 6.33 中切点 T_1、T_2 对应的方位角获取。

为了验证制导方法的鲁棒性,在仿真过程中考虑大气密度、轴向力系数、法向力系数及飞行器质量的不确定性并进行了蒙特卡洛试验,各参数不确定性范围如表 6.12 所示,试验次数为 100,得到仿真结果如图 6.37 所示。

表 6.12 参数不确定性说明

参数	分布类型	偏差范围
大气密度	正态分布	-10% ~ 10%
轴向力系数	正态分布	-10% ~ 10%
法向力系数	正态分布	-15% ~ 15%
飞行器质量	正态分布	-5% ~ 5%

采用虚拟目标点的制导系统与未采用虚拟目标点的制导系统落点偏差均值分别为 0.63 m 和 0.56 m,标准差分别为 0.19 m 和 0.16 m。落速均值分别为 1 974.0 m/s 和 1 728.2 m/s,标准差分别为 141.6 m/s 和 198.0 m/s。由此可见,当飞行器参数、外部环境参数存在不确定性时,制导精度依然可以得到保证,即

制导方法具有较好的鲁棒性。

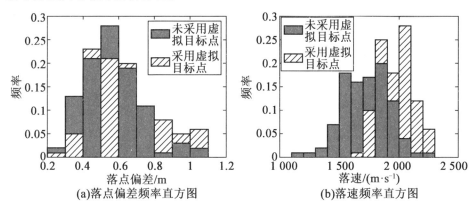

图 6.37 考虑不确定性情况下仿真结果频率直方图

除此之外,两组仿真试验中速度散布范围(最大速度与最小速度之差)分别为 631.3 m/s 和 1 115.6 m/s。由此说明采用虚拟目标点可以在保证精度的同时减少由于不确定性对速度散布的影响。

6.7 考虑目标点机动及落角约束的有限时间制导方法

6.7.1 问题描述

本节主要针对以期望角度跟踪地面机动目标问题进行制导规律设计,设计模型与前面的主要区别在于弹目相对速度与弹目相对距离的表达形式,定义目标点位置、速度及加速度在再入坐标系下分别为 $[x_T(t), y_T(t), z_T(t)]^T$、$[v_{xT}(t), v_{yT}(t), v_{zT}(t)]^T$、$[a_{xT}(t), a_{yT}(t), a_{zT}(t)]^T$。弹目相对运动模型及弹目相对距离如下:

$$\begin{cases} \dot{l} = -(v - v'_{Tx})\cos\eta + v'_{Ty}\sin\eta \\ \dot{\eta} = \dfrac{(v - v'_{Tx})\sin\eta}{l} + \dfrac{v'_{Ty}\cos\eta}{l} - \dfrac{L\cos(\xi - \gamma_V)}{mV} + d_\eta(t) \end{cases} \quad (6.108)$$

$$\begin{cases} \dot{l}_x = x_T - x \\ \dot{x}_T = v_{xT} \\ \dot{v}_{xT} = a_{xT} \end{cases} \quad (6.109)$$

$$\begin{cases} \dot{l}_y = y_T - y \\ \dot{y}_T = v_{yT} \\ \dot{v}_{yT} = a_{yT} \end{cases} \quad (6.110)$$

$$\begin{cases} \dot{l}_z = z_T - z \\ \dot{z}_T = v_{zT} \\ \dot{v}_{zT} = a_{zT} \end{cases} \quad (6.111)$$

其中，$[x,y,z]^T$ 为再入飞行器位置；v'_{Tx}、v'_{Ty} 为目标点运动速度在误差坐标系的分量。

考虑到本节研究问题中机动目标点为地面低速运动目标且俯冲段飞行时间较短，因此做出如下假设：

假设 6.5 目标点速度、加速度均满足以下条件：

$$|v_{xT}| \leqslant v_{\max} \quad (6.112)$$

$$|v_{zT}| \leqslant v_{\max} \quad (6.113)$$

$$|a_{xT}| \leqslant a_{\max} \quad (6.114)$$

$$|a_{zT}| \leqslant a_{\max} \quad (6.115)$$

假设 6.6 由地球曲率导致的目标点沿再入坐标系 y 轴运动分量忽略不计，仅仅考虑由于地形的变化产生的 y 轴方向运动。

问题 6.3 针对满足假设 6.5、假设 6.6 的制导系统，设计合适的制导方法，实现以期望落角跟踪地面机动目标。

针对问题 6.3，为了解决目标点运动影响误差角收敛，降低制导精度及单一误差角难以直接与期望落角建立联系问题，分别提出了采用预测落点代替实际落点策略及虚拟目标点策略，实现了以期望落角跟踪地面机动目标。

方法 6.3（基于虚拟目标点及落点预测策略的有限时间制导方法） 针对单滑块变质心再入飞行器俯冲阶段跟踪地面机动目标制导规律设计问题，通过用预测落点代替实际目标点的策略，降低了机动目标速度项对制导精度的影响。进而，为了满足期望落角约束，采用间接的设计思路并在制导规律设计中引入虚拟目标点。同时为了在考虑飞行器高速飞行时适应更宽的落角约束范围，提出了一种速度随高度变化的虚拟目标点并将其应用于制导方法中，实现了俯冲段以期望落角跟踪机动目标点，制导方法流程图如图 6.38 所示。

该方法主要步骤如下：

步骤 1：初始弹目相对运动建立及误差角指令构建

根据传感器、惯性定位环节解算俯冲段初始时刻飞行器位置、速度信息及目标点位置信息，结合弹目相对运动模型计算得到初始时刻误差角、高度偏差、相对速度信息,进而计算俯冲阶段误差角指令,并跳转至步骤2。

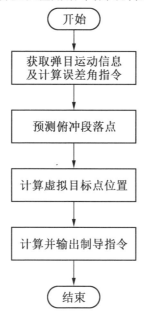

图 6.38　基于虚拟目标点及落点预测策略的有限时间制导方法流程图

步骤2:俯冲阶段落点预测

利用解算获得的目标点位置序列,实时对其加速度进行估计得到估计值。进而根据加速度历史值、当前加速度值及加速度变化趋势,通过加权形式估计俯冲阶段机动目标点"等效加速度"。最后,结合剩余飞行时间求取预测落点位置。

步骤3:虚拟目标点位置计算

根据当前制导周期中获取的飞行器高度、速度、弹道倾角、弹道偏角及期望落角,计算得到该制导周期对应虚拟目标点相对于预测落点位置。进而,结合步骤2中结果得到虚拟目标点位置及弹目相对运动模型,重新解算弹目距离、相对运动速度、误差角信息。

步骤4:制导指令计算

根据步骤3中获得的弹目相对运动速度、弹目间距离、误差角等信息,通过采用有限时间制导方法,获得当前制导周期的制导指令。

6.7.2　目标点运动信息估计与再入落点位置预测

由于弹目相对距离、视线角可测,以及通过定位系统获得的再入飞行器位置信息,即可解算出机动目标点实时位置$[x_T,y_T,z_T]^{\mathrm{T}}$[21-22]。进而,将每一时刻得到的位置进行存储与滚动更新得到位置序列

$$P_x = [x_T(1), x_T(2), \cdots, x_T(n)] \quad (6.116)$$
$$P_y = [y_T(1), y_T(2), \cdots, y_T(n)] \quad (6.117)$$
$$P_z = [z_T(1), z_T(2), \cdots, z_T(n)] \quad (6.118)$$

在获得目标点位置序列的基础上，可以通过滚动更新的方法计算机动目标加速度的估计值。下面以 x 轴方向为例，给出加速度估计方法。

首先，在忽略短时间内目标点加速度变化的基础上，得到位置序列中各分量表达式如下：

$$\begin{cases} x_T(1) = v_{xT}(0)h_0 + \dfrac{1}{2}a_{xT}h_0^2 \\ x_T(2) = 2v_{xT}(0)h_0 + \dfrac{1}{2}a_{xT}(2h_0)^2 \\ \quad\quad\vdots \\ x_T(n) = nv_{xT}(0)h_0 + \dfrac{1}{2}a_{xT}(nh_0)^2 \end{cases} \quad (6.119)$$

其中，$v_{xT}(0)$ 为存储序列前一时刻目标点速度；h_0 为步长；a_{xT} 为目标点加速度。

根据上式，可计算得到

$$\begin{aligned}\sum_{i=1}^n x_T(i) &= \sum_{i=1}^n iv_{xT}(0)h_0 + \frac{1}{2}a_x \sum_{i=1}^n i^2 h_0^2 \\ &= \frac{1}{2}n(n+1)v_{xT}(0)h_0 + \frac{1}{2}a_x h_0^2 \frac{n(n+1)(2n+1)}{6}\end{aligned} \quad (6.120)$$

$$x_T(1) + x_T(n) = (n+1)v_{xT}(0)h_0 + \frac{1}{2}a_x(n^2+1)h_0^2 \quad (6.121)$$

由于位置序列均值满足 $\bar{p}_x = \dfrac{1}{n}\sum_{i=1}^n x_T(i)$，即可得到

$$\bar{p}_x = \frac{1}{2}(n+1)v_{xT}(0)h_0 + \frac{1}{12}a_x h_0^2(n+1)(2n+1) \quad (6.122)$$

于是，可以得到加速度估计值 $\hat{a}_{xT}$ 为

$$\hat{a}_{xT} = 6(x_T(1) + x_T(n) - 2\bar{p}_x)/((n^2 - 3n + 2)h_0^2) \quad (6.123)$$

类似地，可以得到 z 轴方向加速度估计值为

$$\hat{a}_{zT} = 6(z_T(1) + z_T(n) - 2\bar{p}_z)/((n^2 - 3n + 2)h_0^2) \quad (6.124)$$

为了验证上述方法对目标点加速度估计的有效性，分别给出两种不同加速度形式的目标点并通过设定不同常数 n 进行仿真验证，得到仿真结果如表 6.13 所示。由估计误差可以发现，参数 n 选取对加速度估计十分重要，采用过小的参数 n 时，获得目标点信息不足会带来较大的估计误差。反之，采用过大的参数 n 则由于位置序列首末值间隔时间太长，难以满足忽略加速度变化的假设，同样会影响加速度估计。结合仿真结果可知，当参数 n 取值为 10 时，对于高频变化加

速度及具有随机项加速度的估计均可以获得较高的估计精度,因此,本节涉及加速度估计部分参数 n 均取为10。

表6.13 加速度估计对比

加速度	n	$a_{tx} = \text{random}(-1,1)$	$a_{tx} = \cos 20t$
$\|\overline{\Delta a_{tx}}\|/(\text{m} \cdot \text{s}^{-2})$	5	7.6×10^{-4}	1.6×10^{-4}
	10	1.7×10^{-4}	2.6×10^{-3}
	15	4.7×10^{-4}	6.5×10^{-3}
$\sigma_{\Delta a_{tx}}/(\text{m} \cdot \text{s}^{-2})$	5	0.68	0.21
	10	0.61	0.38
	15	0.61	0.54

采用上述的目标点加速度估计方法,可以在短时间内获取目标点加速度 $\hat{\boldsymbol{a}}_T$ 并将其存储得到时间序列 $\hat{\boldsymbol{a}}_T(i)(i=1,2,\cdots,m)$。为了预测"落地时刻"的目标点位置,定义概念"等效加速度" $\overline{\boldsymbol{a}}_T$,以再入坐标系 x 轴方向为例,该方向上等效加速度 $\overline{a}_{xT}$ 满足

$$v_{xT}(t_f - t) + 0.5\overline{a}_{xT}(t_f - t)^2 = \int_t^{t_f}\left(v_{xT} + \int_t^{t_f}a_{xT}(t)\mathrm{d}t\right)\mathrm{d}t \quad (6.125)$$

其中,t_f 为落地时刻。

显然,当预测的等效加速度与真实等效加速度相等时,即可准确地预测落地时刻机动目标点位置。考虑到地面机动目标点的机动能力以及获取的加速度序列,分别采用历史数据(加速度序列均值)、当前数据(当前时刻加速度)及未来趋势(当前时刻加速度与已有数据差值)综合加权计算等效加速度,得到如下形式的等效加速度表达式:

$$\hat{\overline{a}}_{xT} = \xi_{x1}\frac{1}{n-1}\sum_{i=1}^{n-1}\hat{a}_{xT}(i) + (1-\xi_{x1})\hat{a}_{xT}(n) + $$
$$\xi_{x2}\text{sgn}(\hat{a}_{xT}(n))(|\hat{a}_{xT}(n)| - \max_{i=1,2,\cdots,n-1}(|\hat{a}_{xT}(i)|))\frac{t_{\text{go}}}{2} \quad (6.126)$$

其中,t_{go} 为剩余时间,$t_{\text{go}} = \frac{l}{v\cos\eta}$;$\xi_{x1}$、$\xi_{x2}$ 为权重变量。

为了得到实时权重 ξ_{x1}、ξ_{x2},设计权重更新方法如下:

$$\dot{\xi}_{x1} = k_{\xi_{x1}}(0.5 - \xi_{x1}) - k_{\xi_{x2}}\xi_{x2} + k_{\xi_{x3}}(1 - \xi_{x1})u_{\xi_{x1}}$$
$$\dot{\xi}_{x2} = -k_{\xi_{x4}}\xi_{x2} + k_{\xi_{x5}}(1 - \xi_{x2})u_{\xi_{x2}}$$

$$\begin{bmatrix} u_{\xi x1} \\ u_{\xi x2} \end{bmatrix} = \begin{bmatrix} \left| \hat{a}_{xT}(n) - \dfrac{1}{n-1}\sum_{i=1}^{n-1} \hat{a}_{xT}(i) \right| \\ (|\hat{a}_{xT}(n)| - \max\limits_{i=1,2,\cdots,n-1}(|\hat{a}_{xT}(i)|) + |\hat{a}_{xT}(n)| - \max\limits_{i=1,2,\cdots,n-1}(|\hat{a}_{xT}(i)|))/2 \end{bmatrix}$$

(6.127)

其中,参数 $k_{\xi xi}(i=1,2,3,4,5) > 0$。

综上可得到 x 轴方向的预测落点位置为

$$\tilde{x}_T = x_T + v_{xT} t_{go} + 0.5 \hat{\bar{a}}_{xT} t_{go}^2 \tag{6.128}$$

类似地,可以计算得到 z 方向等效加速度为

$$\hat{\bar{a}}_{zT} = \xi_{z1} \frac{1}{n-1} \sum_{i=1}^{n-1} \hat{a}_{zT}(i) + (1-\xi_{z1})\hat{a}_{zT}(n) +$$

$$\xi_{z2} \operatorname{sgn}(\hat{a}_{zT}(n))(|\hat{a}_{zT}(n)| - \max_{i=1,2,\cdots,n-1}(|\hat{a}_{zT}(i)|)) \frac{t_{go}}{2} \tag{6.129}$$

$$\dot{\xi}_{z1} = k_{\xi z1}(0.5-\xi_{z1}) - k_{\xi z2}\xi_{z2} + k_{\xi z3}(1-\xi_{z1})u_{\xi z1}$$

$$\dot{\xi}_{z2} = -k_{\xi z4}\xi_{z2} + k_{\xi z5}(1-\xi_{z2})u_{\xi z2}$$

$$\begin{bmatrix} u_{\xi z1} \\ u_{\xi z2} \end{bmatrix} = \begin{bmatrix} \left| \hat{a}_{zT}(n) - \dfrac{1}{n-1}\sum_{i=1}^{n-1} \hat{a}_{zT}(i) \right| \\ (|\hat{a}_{zT}(n)| - \max\limits_{i=1,2,\cdots,n-1}(|\hat{a}_{zT}(i)|) + |\hat{a}_{zT}(n)| - \max\limits_{i=1,2,\cdots,n-1}(|\hat{a}_{zT}(i)|))/2 \end{bmatrix}$$

(6.130)

其中,参数 $k_{\xi zi}(i=1,2,3,4,5) > 0$。

同理可得 z 方向上的预测落点位置为

$$\tilde{z}_T = z_T + v_{zT} t_{go} + 0.5 \hat{\bar{a}}_{zT} t_{go}^2 \tag{6.131}$$

注意到目标点沿 y 轴方向位置变化受到地形的影响,属于被动形式的变化。因此,在计算该方向上的落点预测时将不存在加速度估计环节,仅仅选取位置序列进行落点预测。与另外两个方向类似,选取权重变量 ξ_{y1}、ξ_{y2},设计权重更新方法如下:

$$\begin{cases} \dot{\xi}_{y1} = k_{\xi y1}(0.5-\xi_{y1}) - k_{\xi y2}\xi_{y2} + k_{\xi y3}(1-\xi_{y1})u_{\xi y1} \\ \dot{\xi}_{y2} = -k_{\xi y4}\xi_{y2} + k_{\xi y5}(1-\xi_{y2})u_{\xi y2} \end{cases} \tag{6.132}$$

$$\begin{cases} u_{\xi y1} = |y_T - \overline{P}_y| \\ u_{\xi y2} = (||y_T| - \max\limits_{i=1,\cdots,n}(|y_T(i)|) + (|y_T| - \max\limits_{i=1,\cdots,n}(|y_T(i)|)))/2 \end{cases} \tag{6.133}$$

其中，$\bar{p}_y = \frac{1}{n}\sum_{i=1}^{n} y_T(i)$；参数 $k_{\xi_{yi}}(i=1,2,3,4,5) > 0$。

进而可以得到 y 方向上预测落点位置为

$$\tilde{y}_T = \xi_{y1}\bar{p}_y + (1-\xi_{y1})y_T + \xi_{y2}\mathrm{sgn}(y_T)\left(|y_T| - \max_{i=1,2,\cdots,n}(|y_T(i)|)\right)t_{go}$$

(6.134)

注 6.3 当权重更新系统输入为零时，权重变量 ξ_{x1}、ξ_{x2} 平衡点分别为 0.5 和 0，此种情况下落点预测环节对目标点运动的估计是采用加速度均值和当前加速度的平均值作为等效加速度，且对加速度变化的预期为零。而当目标点加速度随时间变化时，分别对以下两种情况进行讨论：(1) 加速度时变且未超出历史数据范围。此种情况下，加速度会随时间变化且频率不固定，权重 ξ_{x1} 的平衡点会介于 0.5~1 且随着输入 $u_{\xi x1}$ 的增大愈发倾向于 1，此时等效加速度将无限接近于加速度序列平均值，进而减少由于高频变化的加速度或随机加速度项造成的估计抖动，使得预测位置曲线更加平滑。(2) 当加速度的绝对值随时间的变化而增加，此时系统的输入 $u_{\xi x2}$ 将会产生作用，落点预测环节将会预期加速度未来的变化趋势，并将其补偿入落点位置预测中，提高预测精度。除此之外，此种情况下由于权重 $\xi_{x2} > 0$ 将降低权重 ξ_1 的平衡点，此时将增大当前加速度在等效加速度计算中的权重，降低由历史平均值带来的"保守性"。

6.7.3 基于虚拟目标点及落点预测的俯冲段有限时间制导方法

考虑到弹目相对运动模型中仅仅误差角能够与滚转通道控制建立联系的特点，当考虑同时满足弹道倾角和弹道偏角约束时，传统的将三维运动转化为俯冲平面和转弯平面并分别设计制导指令的思路将显得不适合。因此，本节针对单滑块变质心再入飞行器设计了虚拟目标点策略，并结合 4.3.2 节中的预测落点将同时考虑落角约束和目标点机动的制导规律设计问题转化为跟踪虚拟目标点问题，通过设计合理的虚拟目标点运动形式降低误差角跟踪难度，实现以期望的落角跟踪地面机动目标。虚拟目标点纵向平面示意图如图 6.39 所示。

为了实现飞行器以期望落角跟踪目标，引入虚拟目标点(T_{virtual})，再入飞行器(M)、虚拟目标点(T_{virtual})与目标点(T)三者纵向平面位置示意图如图 6.39 所示。不同于考虑落速散布时引入的虚拟目标点，本节中的虚拟目标点速度随高度的下降而降低且运动方向满足期望落角 θ_f、ψ_f。以致当再入飞行器"尾追"跟踪虚拟目标点时，即可实现飞行器以期望落角跟踪目标。

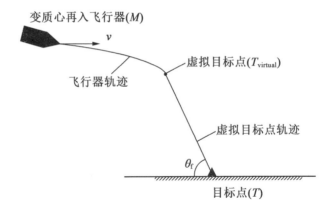

图 6.39　考虑落角约束的虚拟目标点纵向平面示意图

俯冲段制导方法原理示意图如图 6.40 所示。为了降低由于目标点运动对误差角收敛及终端精度的影响，本节提出的俯冲段制导方法中通过引入落点预测以及虚拟目标点，将以期望落角跟踪机动目标问题转化为跟踪虚拟目标点问题。

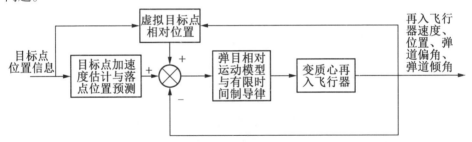

图 6.40　制导方法原理示意图

在此重点介绍虚拟目标点运动轨迹设计方法。首先，在选取描述虚拟目标点运动速度的自变量时，选用高度作为自变量，记为 $v_{\text{virtual}}(h)$。其次，为了减少在接近目标点的过程中虚拟目标运动对制导精度的影响，需令高度 $h=0$ 时虚拟目标点速度为小量，甚至为零。基于上述分析，得到虚拟目标点速度表达如下：

$$v_{\text{virtual}} = k_v(f_1(\theta_{\text{f}}) + f_2(\Delta\theta_{\text{f}}, \Delta\psi_{\text{f}}))\frac{\mathrm{e}^{k_v h} - \mathrm{e}^{-k_v h}}{\mathrm{e}^{k_v h} + \mathrm{e}^{-k_v h}} = k_v V_{\text{virtual0}}\frac{\mathrm{e}^{k_v h} - \mathrm{e}^{-k_v h}}{\mathrm{e}^{k_v h} + \mathrm{e}^{-k_v h}} \quad (6.135)$$

其中，θ_{f} 为期望弹道倾角；$\Delta\theta_{\text{f}}$、$\Delta\psi_{\text{f}}$ 为实际弹道倾角、弹道偏角与期望值的差；常量 $k_v > 0$。

当忽略反馈项导致的速度变化时，可通过积分得到虚拟目标点与实际目标点相对位置 $[\Delta x_{\text{virtual}}, \Delta y_{\text{virtual}}, \Delta z_{\text{virtual}}]^{\mathrm{T}}$，即

$$\begin{cases} \Delta x_{\text{virtual}} = -\cos\theta_{\text{f}}\cos\psi_{\text{f}} V_{\text{virtual0}}(\ln(e^{k_t h}+e^{-k_t h})-\ln 2) \\ \Delta y_{\text{virtual}} = -\sin\theta_{\text{f}} V_{\text{virtual0}}(\ln(e^{k_t h}+e^{-k_t h})-\ln 2) \\ \Delta z_{\text{virtual}} = \cos\theta_{\text{f}}\sin\psi_{\text{f}} V_{\text{virtual0}}(\ln(e^{k_t h}+e^{-k_t h})-\ln 2) \end{cases} \quad (6.136)$$

其中,ψ_{f} 为期望弹道偏角。

根据虚拟目标点位置中的落点预测位置,可得到虚拟目标点位置如下:

$$\begin{cases} x_T^* = \tilde{x}_T + \Delta x_{\text{virtual}} \\ y_T^* = \tilde{y}_T + \Delta y_{\text{virtual}} \\ z_T^* = \tilde{z}_T + \Delta z_{\text{virtual}} \end{cases} \quad (6.137)$$

进而,由弹目相对运动模型计算采用虚拟目标点及落点预测策略的弹目距离及误差角如下:

$$\begin{cases} l = \sqrt{(x_T^*-x)^2+(y_T^*-y)^2+(z_T^*-z)^2} \\ \eta = \arccos\dfrac{|v_x(x_T^*-x)+v_y(y_T^*-y)+v_z(z_T^*-z)|}{vl} \end{cases} \quad (6.138)$$

据此,可以进一步得到考虑落角约束和目标点机动的制导指令 γ_V。

6.7.4 仿真分析

为了验证本节提出的结合落点预测、虚拟目标点俯冲段制导方法的有效性与鲁棒性,分别在标称情况与考虑不确定性情况下进行仿真试验。标称情况下,设定任务为跟踪地面目标,首先采用本节提出的虚拟目标点进行仿真试验,验证本节提出的虚拟目标点对于以期望落角打击地面固定目标的效果。然后,开展跟踪地面机动目标仿真试验,验证采用本节提出的结合落点预测、虚拟目标点俯冲段制导方法在以期望落角跟踪地面机动目标方面的效果。不确定性情况下,分别考虑外界气动环境与飞行器参数不确定性,验证采用本节提出制导方法时系统的鲁棒性。飞行器初始位置、速度、目标初始位置及制导律参数选取同前面章节,误差角指令参数 $\eta_{c1}=6°, \eta_{c2}=0, h_{\eta}=20\,000$ m;虚拟目标及落点预测参数如下:

$$\begin{cases} k_v=0.01,\ k_{\xi x1}=k_{\xi x2}=1,\ k_{\xi x3}=k_{\xi x4}=0.5, \\ k_{\xi x5}=5,\ k_{\xi y1}=k_{\xi y2}=1,\ k_{\xi y3}=k_{\xi y4}=0.5, \\ k_{\xi y5}=5,\ k_{\xi z1}=k_{\xi z2}=k_{\xi z3}=k_{\xi z4}=1,\ k_{\xi z5}=5 \end{cases} \quad (6.139)$$

为了验证采用虚拟目标点制导方法应用于考虑落角约束飞行任务的有效性,分别给定五组不同的期望弹道倾角、弹道偏角组合进行仿真验证并与文献中的方法进行对比,不同的期望弹道倾角 θ_{f}、弹道偏角 ψ_{f} 如表 6.14 所示。仿真结果如图 6.41~6.44 所示。

表 6.14 不同期望落角组合

组合	期望弹道倾角/(°)	期望弹道偏角/(°)
1	−30	0
2	−45	0
3	−60	0
4	−45	−10
5	−45	+10

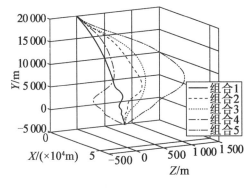

图 6.41 3D 轨迹曲线

图 6.42 弹道倾角曲线

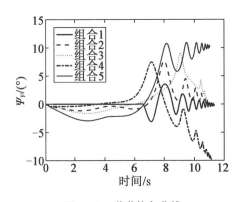

图 6.43 弹道偏角曲线

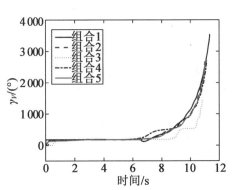

图 6.44 速度滚转角曲线

不同期望落角组合情况下飞行器 3D 轨迹如图 6.41 所示,由于采用高速旋转消除侧向偏差的制导方法,各条曲线均呈现螺旋形状。同时由图 6.42、图 6.43 可以发现,由于采用了跟踪虚拟目标点实现满足落角约束的间接形式制导策略,在俯冲阶段末期由于飞行器与虚拟目标点已形成"尾追"相对运动关系,随着误差角的收敛,弹道倾角与弹道偏角曲线也会在期望值附近小范围周期性变化,该变化趋势与未采用虚拟目标点时相似。但是,由于引入了虚拟目标点,可以通过设计其运动轨迹将原有不可调节的落角值转变为根据设计需求在较大范围内实现可调节。另外,由图 6.44 中速度滚转角曲线可以发现,相比于未考虑落角约束的制导方法,引入虚拟目标点后会引起飞行器滚转速度增大,对于飞行器控制能力要求更高,这也说明通过合理配置误差角指令降低滚转速度是有意义的。

进而,为验证采用虚拟目标点对提升终端精度的有效性,将本节提出的采用虚拟目标点制导方法与文献中采用固定比例形式虚拟目标点的方法进行对比仿真试验。对比仿真试验结果如表 6.15 所示,相比于固定比例形式的虚拟目标点,本节提出的虚拟目标点因其加入了误差反馈项,在降低落角偏差的同时更好地适应不同的期望落角组合。另外,采用时变的虚拟目标点速度可有效降低虚拟目标点临近地面阶段的机动性,减小目标点速度项对误差角收敛的影响。

表 6.15 不同落角约束对比仿真试验结果

组合	弹道倾角偏差/(°)		弹道偏角偏差/(°)		落点偏差/m	
	本节方法	文献方法	本节方法	文献方法	本节方法	文献方法
1	0.27	1.01	3×10^{-3}	0.18	0.08	0.67
2	0.03	3.08	0.01	1.26	0.21	2.32
3	0.02	2.88	0.97	8.22	0.04	12.48
4	0.16	2.81	0.10	3.97	0.14	2.88
5	0.09	3.50	0.03	1.60	0.17	2.70

为验证本节提出的制导方法应用于同时考虑目标点机动及落角约束再入任务的有效性,分别选取采用落点预测(landing point prediction, LPP)和未采用落点预测(non landing point prediction, NLPP)的制导方法进行对比仿真试验。目标点运动信息如表 6.16 所示。得到仿真结果如图 6.45~6.48 所示。

表 6.16 机动目标点运动信息

机动	x 方向	z 方向	y 方向
1	$v_{tx} = 30$ m/s	$v_{tz} = -40$ m/s	地面为水平面
2	$v_{tx} = 3t + 0.5t^2$ m/s	$v_{tz} = 2t - 0.5t^2$ m/s	地面为水平面
3	$a_{tx} = 10\cos(5t)$ m/s^2	$a_{tz} = 5\sin(5t)$ m/s^2	地面存在 3° 的坡度
4	$a_{tx} = 2 + \text{rand}(-1,1) + 0.3t$ m/s^2	$a_{tz} = -3 + \text{rand}(-1,1) - 0.2t$ m/s^2	地面存在 3° 的坡度

从图 6.45～6.48 可以发现，权重 ξ_1、ξ_2 描述了目标点加速度波动情况及未来变化趋势。当如机动目标 1 中加速度为常数或为 0 时，此时由于加速度几乎无波动，因此权重 ξ_1、ξ_2 分别稳定于 0.5 和 0。这意味着此类机动目标点加速度可由历史加速度平均值与当前值的等权重加权描述。而当目标点加速度存在周期性或噪声波动时，权重 ξ_1 随着时间增大，这样可以通过加大历史均值权重而降低由于加速度波动对落点预测的干扰。同时，随着时间的积累，当加速度出现单调变化趋势时，权重 ξ_2 也会随之增加，这样也会降低在等效加速度计算中由于高权重 ξ_1 带来的估计"保守性"。

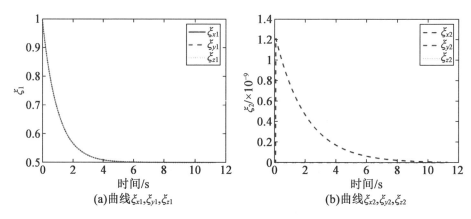

图 6.45　机动目标 1 情况下权重变量曲线

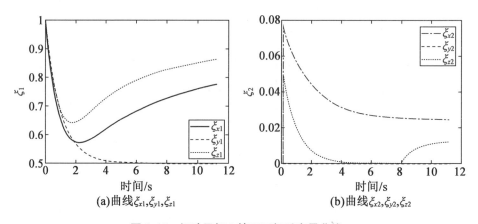

图 6.46　机动目标 2 情况下权重变量曲线

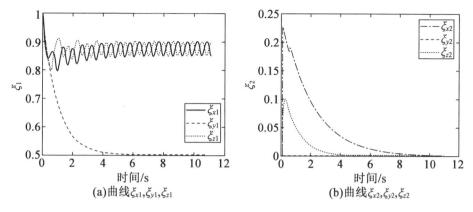

图 6.47 机动目标 3 情况下权重变量曲线

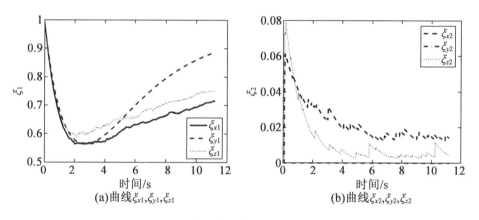

图 6.48 机动目标 4 情况下权重变量曲线

对应不同形式机动目标落点预测误差$[e_x, e_y, e_z]^T$如图 6.49 所示。落点预测误差主要来源于两个方面,等效加速度估计与剩余飞行时间估计。对于前者的影响,本节通过采用加权形式的计算更新方式对机动目标各个方向等效加速度进行估计,由图 6.47、图 6.48、图 6.49(c)及图 6.49(d)可以发现,对于机动目标 3 和 4,相比于加速度中变化频率,落点预测中变化频率已明显降低。这是由于在估计等效加速度过程中同时考虑历史值、当前值及未来变化发展趋势,减少了由于加速度中随机项或周期项对落点估计的影响。而对于后者的影响,由于飞行器在再入过程属于无动力飞行,速度呈单调递减趋势,导致预测落点时的剩余时间估计小于实际的剩余时间。因此,当目标点运动方向不变时,预测落点位于当前目标位置与实际落点之间,进而可以间接地降低目标点的机动能力,有利于减少由目标点速度项对误差角收敛产生的影响与提高终端制导精度。综合以上分析可知,采用落点预测的策略可以有效地提高跟踪地面机动目标的效果。

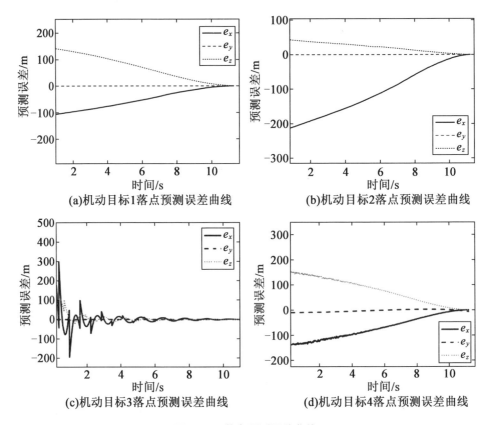

图 6.49 落点预测误差曲线

进而,为验证采用落点预测方法对提高以期望落角跟踪机动目标的有效性,针对跟踪机动目标 1~4,分别选取采用落点预测策略的制导方法与未采用落点预测策略的制导方法(结合本节提出的虚拟目标点与文献中的滚转制导律)进行对比仿真试验,得到仿真结果如表 6.17 所示。

表 6.17 不同机动条件下的仿真结果

机动	弹道倾角偏差/(°)		弹道偏角偏差/(°)		落点偏差/m	
	LPP	NLPP	LPP	NLPP	LPP	NLPP
1	0.22	1.21	0.49	5.24	0.44	1.17
2	0.02	2.80	0.43	2.79	0.31	5.79
3	0.08	0.22	0.06	0.03	0.15	0.13
4	0.52	1.36	0.54	5.60	4.83	2.14

由表 6.17 可知,由于采用了预测落点位置的策略,将机动目标点转化为固定目标点,在同时考虑目标点机动及落角约束时,相比于未采用该策略的制导方法降低了落点偏差及落角误差。对于机动目标 1、2 及 4,这种优势将显得更加明显,这是由于这三种机动对应的目标点运动方向较为一致,且不存在周期性变化。而对于机动目标 3 中的周期性加速度目标点,采用预测落点的方式与未采用预测落点的方式得到了较为相近的落点偏差、落角偏差。但是整体而言,采用本节提出的基于落点预测及虚拟目标点的制导方法提升了以期望落角跟踪地面机动目标的能力。

为了验证考虑落角约束和目标点机动制导系统的鲁棒性,在仿真过程中考虑大气密度、轴向力系数、法向力系数及飞行器质量的不确定性并进行蒙特卡洛试验,试验次数为 100。

首先,为验证仅采用虚拟目标点制导方法的鲁棒性,采用表 6.14 中组合 5 中的期望落角组合进行蒙特卡洛试验,得到仿真结果如图 6.50 所示。由图 6.50 可知,当系统存在不确定性时,落点偏差集中于 0.2 m 附近,最大值小于 1 m。另外,弹道倾角、弹道偏角偏差最大值也小于 $0.5°$。由此可知,本节提出的基于虚拟目标点制导方法对于以期望落角打击地面固定目标具有较好的鲁棒性。

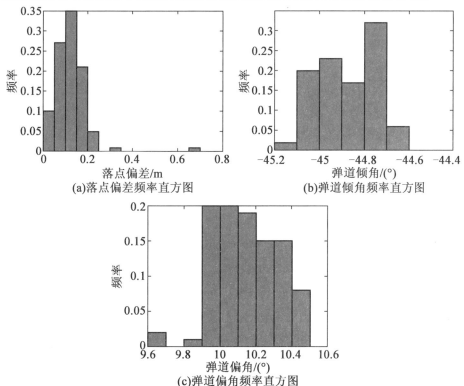

图 6.50　固定目标点蒙特卡洛试验结果

最后,为了验证结合虚拟目标点及落点预测策略制导方法的鲁棒性,采用期望落角组合4及机动目标点1~4进行蒙特卡洛试验,得到仿真结果如表6.18所示。

表6.18 不同目标机动仿真结果

机动	弹道倾角偏差/(°)		弹道偏角偏差/(°)		落点偏差/m	
	均值	标准差	均值	标准差	均值	标准差
1	0.02	0.17	0.55	0.21	0.37	0.32
2	0.18	0.17	0.49	0.23	0.32	0.08
3	0.06	0.13	0.23	0.21	0.12	0.06
4	0.58	0.09	0.68	0.23	5.54	0.57

对于不包含随机项的机动目标点,采用本节提出的制导方法得到的落点偏差、落角偏差均值分别小于0.5 m、0.6°。这与考虑固定目标与落角约束时蒙特卡洛试验结果类似,说明通过采用落点预测的方式可以有效地降低由目标点机动对制导终端精度的影响。而对于如机动形式4的目标点,尽管制导精度略低,但是考虑到目标点与再入飞行器实际尺寸及杀伤半径,依然能够认为再入飞行器可以有效地跟踪该种机动目标。

第 7 章

变质心再入飞行器控制律

本章将对变质心再入飞行器的姿态控制律进行研究,首先研究 PID 控制器的设计方法,在此基础上考虑到 PID 控制器的缺点,研究一种灰色预测 PID 控制器设计方法,继而考虑控制输入受到限制的问题,研究输入受限的处理方法。然后,为提高姿态控制器的性能,进一步研究滑模控制器和自适应滑模控制器,并进行仿真分析。从而,为变质心再入飞行器控制律设计提供多种思路。

7.1 变质心再入飞行器 PID 控制器设计

为了进行控制器设计,首先建立相应的滚转通道姿态控制器的设计模型。由于单滑块变质心再入飞行器的姿态控制任务是控制滚转姿态运动,从简化设计模型的角度出发,滚转姿态运动表达式为

$$\begin{cases} \dfrac{\mathrm{d}\gamma}{\mathrm{d}t} = \omega_x + \tan\vartheta(\omega_y \sin\gamma + \omega_z \cos\gamma) \\ \dfrac{\mathrm{d}\omega_x}{\mathrm{d}t} = \dfrac{1}{I_{xx}}(C_{mx}qS_m l_m - \Delta y C_z qS_m - I_{12}\omega_x\omega_z) + \Delta f + \dfrac{1}{I_{xx}}\dfrac{m}{M_\mathrm{T}}z_A C_y qS_m \end{cases} \quad (7.1)$$

其中,Δf 表示滑块运动引起的通道间耦合、姿态运动数学模型中的气动交叉耦合、惯性耦合和模型参数不确定性引起的综合影响。将滚转姿态角导数的数学表达式进一步求取微分,可得

$$\frac{d^2\gamma}{dt^2} = \dot{\omega}_{x1} + \frac{d(\tan\vartheta(\omega_{y1}\cos\gamma + \omega_{z1}\sin\gamma))}{dt} \tag{7.2}$$

进一步整理可得

$$\frac{d^2\gamma}{dt^2} = f + \Delta f + v_0 \tag{7.3}$$

其中

$$f = \frac{1}{I_{xx}}(C_{mx}qS_m l_m + \Delta y C_z qS_m - I_{12}\omega_x\omega_z) + \sec^2\vartheta(\omega_{y1}\cos\gamma + \omega_{z1}\sin\gamma)\dot{\vartheta} +$$
$$\tan\vartheta(\dot{\omega}_{y1}\cos\gamma - \omega_{y1}\sin\gamma\dot{\gamma} + \dot{\omega}_{z1}\sin\gamma + \omega_{z1}\cos\gamma\dot{\gamma})$$

$$v_0 = \frac{1}{I_{xx}}\frac{m}{M_T}z_A C_y qS_m$$

进一步取 $x_1 = \gamma$ 和 $x_2 = \dot{\gamma}$,可以将滚转通道的数学模型进一步表达为

$$\begin{cases} \dot{x}_1 = x_2 \\ \dot{x}_2 = f(x_1, x_2) + bu + \Delta f \\ y = x_1 \end{cases} \tag{7.4}$$

其中

$$\begin{cases} b = \frac{1}{I_{xx}}\frac{m}{M_T}C_y qS_m \\ u = z_A \end{cases}$$

设计 PID 控制器

$$u = K_P e_\gamma + f(e_{\gamma 1})K_I \int e_\gamma + K_D \dot{e}_\gamma \tag{7.5}$$

其中,$e_{\gamma 1}$ 为滚转角误差信号的误差值。再将控制器指令代入模型中得到滑块位置的期望值为

$$z_A = (u - f(x_1, x_2))/b \tag{7.6}$$

其中

$$b = \frac{1}{I_{xx}}\frac{m}{M_T}C_y qS_m$$

$$f(x_1, x_2) = \frac{1}{I_{xx}}(C_{mx}qS_m l_m + \Delta y C_z qS_m - I_{12}\omega_x\omega_z) + \sec^2\vartheta(\omega_{y1}\cos\gamma + \omega_{z1}\sin\gamma)\dot{\vartheta} +$$
$$\tan\vartheta(\dot{\omega}_{y1}\cos\gamma - \omega_{y1}\sin\gamma\dot{\gamma} + \dot{\omega}_{z1}\sin\gamma + \omega_{z1}\cos\gamma\dot{\gamma})$$

将系统线性化,可以得到

$$\dot{x} = Ax + Bu \tag{7.7}$$

其中，$\boldsymbol{x} = \begin{bmatrix} x_1 \\ x_2 \end{bmatrix} = \begin{bmatrix} \gamma \\ \dot{\gamma} \end{bmatrix}$，$\boldsymbol{A} = \begin{bmatrix} 0 & 1 \\ \frac{\partial f}{\partial x_1} & \frac{\partial f}{\partial x_2} \end{bmatrix}$，$\boldsymbol{B} = \begin{bmatrix} 0 \\ \frac{1}{I_{xx}} \frac{m}{M_T} C_y q S_m \end{bmatrix}$。

以某一工作点为例，进行 PD 控制器参数设计，高度 $h = 30\ 000$ m，速度 $V = 7\ 645$ m/s，对系统进行线性化可以计算得到 $\frac{\partial f}{\partial x_1} = 1.37 \times 10^{-5}$，$\frac{\partial f}{\partial x_2} = 0.002\ 1$。对系统进行拉氏变换，得到传递函数 $G(s) = \boldsymbol{C}(\boldsymbol{I}s - \boldsymbol{A})^{-1}\boldsymbol{B} = \dfrac{64.973\ 7}{s^2 - 0.002\ 1s}$，其中 $\boldsymbol{I}$ 为 2×2 单位矩阵。系统开环波特图如图 7.1 所示。

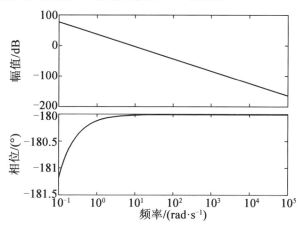

图 7.1 系统开环波特图

设计 PD 控制器传递函数 $G_c(s) = K_P + K_D s$，通过计算并考虑参数取整数最终得到 $K_P = 30$，$K_D = 105$。进而得到加入 PD 控制器后系统开环传递函数 $G_1(s) = G(s)G_c(s) = \dfrac{64.973\ 7(105s + 30)}{s^2 - 0.002\ 1s}$，系统开环波特图如图 7.2 所示。

采用该种方法设计简单，便于操作。但是，在实际飞行过程中，由于飞行器所处状态变化范围大需要采用分段的策略，在不同的阶段分别进行控制器参数的设计。为提高控制器的控制效果，下面将研究新型的控制器，如滑模控制器的设计方法。

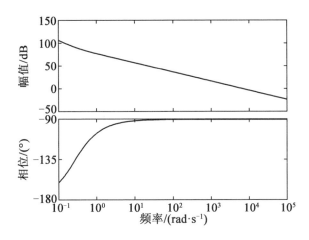

图 7.2　PD 控制系统开环波特图

7.2　变质心再入飞行器灰色预测 PID 控制器设计

灰色预测 PID 是基于 GM(1,1) 模型的一种控制器设计方法。通过采用 GM(1,1) 模型可以通过已知的滚转角信息进行预测,进而产生时变的 PID 控制器参数,提高系统的动态性能和稳态性能。灰色预测 PID 控制器控制框图如图 7.3 所示。

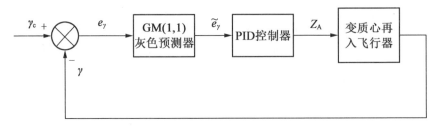

图 7.3　灰色预测 PID 控制器控制框图

7.2.1　基于 GM(1,1) 的灰色预测模型

对于序列 $x^{(0)} = (x^{(0)}(1), x^{(0)}(2), \cdots, x^{(0)}(n))$,可以得到满足 GM(1,1) 模型的 m 阶模型,形如

$$x^{(m)}(k) = \sum_{i=1}^{k} x^{(m-1)}(k) \quad (k=1,2,\cdots,n) \tag{7.8}$$

$$\frac{\mathrm{d}x^{(m)}}{\mathrm{d}t} + ax^{(m)} = b \tag{7.9}$$

其中，a 为发展系数，表示了 $x^{(m-1)}$ 和 $x^{(m)}$ 的发展趋势；b 代表了灰色信息系统的行为。

参数 a 和 b 可以通过采用最小二乘法计算得到

$$\hat{\theta} = [\hat{a}\hat{b}]^{\mathrm{T}} = (\boldsymbol{B}^{\mathrm{T}}\boldsymbol{B})^{-1}\boldsymbol{B}^{\mathrm{T}}\gamma_N \tag{7.10}$$

其中

$$\boldsymbol{B} = \begin{bmatrix} -\dfrac{x^{(m)}(1)+x^{(m)}(2)}{2} & 1 \\ -\dfrac{x^{(m)}(2)+x^{(m)}(3)}{2} & 1 \\ \vdots & \vdots \\ -\dfrac{x^{(m)}(n-1)+x^{(m)}(n)}{2} & 1 \end{bmatrix}$$

$$\gamma_N = [x^{(m-1)}(2) \; x^{(m-1)}(3) \; \cdots \; x^{(m-1)}(n)]^{\mathrm{T}}$$

由于 $x^{(m)}(1) = x^{(m-1)}(1)$，方程的解可以表示为

$$x^{(m)}(p+1) = \left[x^{(m-1)}(1) - \frac{b}{a}\right]\mathrm{e}^{-ap} + \frac{b}{a} \tag{7.11}$$

当 $p \geqslant n$ 时，预测信息序列 x 可以计算得到

$$\hat{x}^{(l-1)}(k+1) = \hat{x}^{(l)}(k+1) - \hat{x}^{(l)}(k) \quad (l=1,2,\cdots,p) \tag{7.12}$$

但是根据模型特点，信息序列需要满足一些特定的条件才能进行计算。

定理 7.1 对于序列 $x^{(0)} = (x^{(0)}(1), x^{(0)}(1), \cdots, x^{(0)}(n))$，比例系数 $\sigma^{(0)}(k)$ 定义为

$$\sigma^{(0)}(k) = \frac{x^{(0)}(k-1)}{x^{(0)}(k)} \quad (k \geqslant 3)$$

比例系数应该满足 $\sigma^{(0)}(k) \in (0.135\,3, 7.389)$。

定理 7.2 对于基于 GM(1,1) 的序列 $x^{(0)} = (x^{(0)}(1), x^{(0)}(1), \cdots, x^{(0)}(n))$，至少需要 4 项数据以方便计算。

7.2.2 基于灰色预测的 PID 控制器

传统的 PID 控制器可以描述为

$$u = K_P e + K_I \int e \mathrm{d}t + K_D \dot{e} \quad (7.13)$$

然而,控制器的效果随着输入指令信号的不同会产生相应的变化。基于此原因提出一种基于灰色预测的改进 PID 控制器。

为了进行控制器设计,定义 T_d 为控制器指令周期,控制器具体描述如下:

(1) 采样得到第 $k(k \geqslant 1)$ 循环的系统滚转角信息 $\gamma(k)$ 和滚转角指令信息 $\gamma_0(k)$;

(2) 结合第 $(k-3) \sim (k-1)$ 循环数据并且根据定理 1 建立基于 GM(1,1) 的灰色预测模型;

(3) 基于步骤(2)预测滚转角与其指令的偏差值;

(4) 进而得到滑块的指令。

$$u(k) = U_P(k) + f(e_\gamma(k+m))U_I(k) + U_D(k)$$
$$U_P(k) = K_P e_\gamma(k)$$
$$U_I(k) = U_I(k-1) + K_I T_d \frac{e_\gamma(k) + e_\gamma(k-1)}{2}$$
$$U_D(k) = K_D \frac{e_\gamma(k) - e_\gamma(k-1)}{T_d} \quad (7.14)$$

其中,$e_\gamma(k+m)$ 是通过灰色预测得到的误差预测值;$f(e_\gamma(k+m))$ 是离散的函数,用来根据灰色预测的值来改变控制器的结构。

$$f(e_\gamma(k+m)) = \begin{cases} 1 & (|e_\gamma(k+m)| > a|\gamma_0|) \\ 0 & (|e_\gamma(k+m)| \leqslant a|\gamma_0|) \end{cases} \quad (7.15)$$

其中,γ_0 是滚转角指令;a 是比例系数。

(5) 保存滚转角与其指令的误差,并进入下一循环计算。

最终得到基于灰色预测的改进 PID 控制器

$$x_{A/P} = (u(k) - f(x_1, x_2))/b \quad (7.16)$$

其中

$$f(x_1, x_2) = \frac{1}{I_{xx}}(C_{mx} q S_m l_m + \Delta y C_z q S_m - I_{12} \omega_x \omega_z) + \sec^2 \vartheta (\omega_{y1} \cos \gamma + \omega_{z1} \sin \gamma) \dot{\vartheta} +$$
$$\tan \vartheta (\dot{\omega}_{y1} \cos \gamma - \omega_{y1} \sin \gamma \dot{\gamma} + \dot{\omega}_{z1} \sin \gamma + \omega_{z1} \cos \gamma \dot{\gamma})$$
$$b = \frac{1}{I_{xx}} \frac{m}{M_T} C_y q S_m$$

7.3 考虑输入受限的控制器设计

7.2 节中在非线性系统的基础上设计控制律时,会出现由于输入信号变化快导致的系统饱和情况。在设计控制律的过程中,考虑到实际应用中系统稳定、可靠的性能,需要减少或消除饱和,留出足够的裕度空间,所以本节在 7.2 节的基础上加入输入受限的约束,进行控制器设计。

为了对系统的饱和程度及其发生的风险进行量化分析,引入了两个影响因素,即 F_1 和 F_2。定义如下:

$$\Delta\gamma = \gamma - \gamma_c \tag{7.17}$$

$$\Delta\omega = \omega_x - \dot{\gamma}_c \tag{7.18}$$

$$F_1 = \Delta\gamma/\gamma_{\max} \tag{7.19}$$

$$F_2 = \Delta\omega/\omega_{\max} \tag{7.20}$$

其中,γ、γ_c 分别为滚转角及其指令;ω_x 为滚转角速度;$\gamma_{\max}$、$\omega_{\max}$ 分别为预定的滚转角、滚转角速度最大值。

进而采用模糊控制的思路,将 F_1、F_2 作为模糊控制系统的输入,并定义模糊控制系统输出 R 为系统饱和风险值。输入、输出隶属度函数如图 7.4、图 7.5 所示。模糊控制规则表如表 7.1 所示。

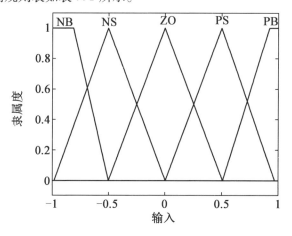

图 7.4 输入隶属度函数

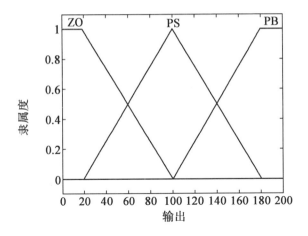

图7.5 输出隶属度函数

表7.1 模糊控制规则表

因子1	因子2				
	NB	NS	ZO	PS	PB
NB	ZO	PS	PS	PS	ZO
NS	PS	PB	PB	PB	PS
ZO	PS	PB	PB	PB	PS
PS	PS	PB	PB	PB	PS
PB	ZO	PS	PS	PS	ZO

根据模糊控制规则表以及对应输入的隶属度函数,计算得到模糊控制器输出

$$R = \sum_{i=1}^{25} w_i R_i / \sum_{i=1}^{25} w_i \tag{7.21}$$

其中,w_i 为第 i 条规则对应的权重。

在得到饱和风险值 R 的基础上,结合式(7.17)即可得到新的滑模面

$$S_1^* = RS_1 = R\Delta\gamma \tag{7.22}$$

进而得到控制器表达式为

$$\begin{cases} x'_{2c} = k_1 S_1^* + \dot{\gamma}_c \\ z_A = (k_2 S_2 - f(x_1, x_2) - \Delta f + \dot{x}'_{2c})/b \end{cases} \tag{7.23}$$

为了验证控制器的效果,以7.2节中的控制器为例进行仿真验证。仿真的初始条件如表7.2所示。

第7章 变质心再入飞行器控制律

表7.2 初始条件

初始变量	数值
高度/m	50 000.0
速度/(m·s^{-1})	7 000.0
弹道倾角/(°)	−5.0
弹道偏角/(°)	0.0
滚转角/(°)	0.0

为了验证改进的 PID 控制器效果,将其与传统的 PID 控制器加以对比,并通过不同形式的滚转角指令进行仿真验证,仿真结果如图 7.6~7.8 所示。由图 7.6 可知,为了更快地跟踪阶跃指令,PID 控制器的参数通过选取实现了无超调的控制效果。与此同时,改进的基于灰色预测的 PID 控制器初始阶段响应速度更快,并且超调量小于 5%。然而,PID 控制在不改变参数的情况下在跟踪斜坡信号时会降低跟踪效果。而改进的 PID 控制器由于加入了灰色预测的部分,可以动态地调整控制器结构,以得到更好的控制效果。为了验证跟踪不连续滚转指令的效果,进行了分段形式阶跃指令的跟踪仿真分析。如图 7.7 所示,由于引入了基于灰色预测的控制器形式,当滚转指令出现不连续时可以动态地调整控制器形式,提高了系统的响应速度。除此之外,为了验证控制系统的鲁棒性,将系统中的升力和阻力分别进行 5% 和 10% 的拉偏,仿真结果如图 7.8 所示。尽管气动力存在不确定性,滚转角仍然能够快速、低超调地跟踪指令信号,从而说明了该种控制器具有较强的鲁棒性。

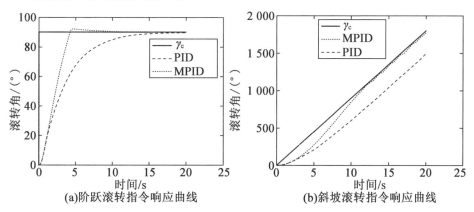

(a)阶跃滚转指令响应曲线　　(b)斜坡滚转指令响应曲线

图7.6 滚转角响应对比曲线

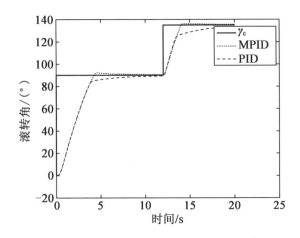

图 7.7 滚转角响应对比曲线(引入基于灰色预测器的控制器)

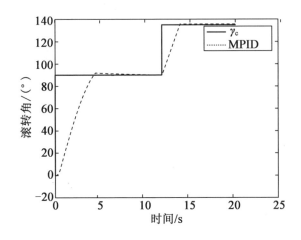

图 7.8 滚转角响应曲线

考虑到系统输入受限的情况,将 7.2 节中设计的控制器与 7.3 节中控制器进行了比较仿真试验,如图 7.9 和图 7.10 所示。

从仿真结果可以发现,当指令信号为阶跃信号时,由于初始时刻指令增量大,因此系统出现饱和的现象,但是由于引入了饱和风险的变量 R,因此系统能够在初始时刻减少对控制器的需求量,有效地降低饱和情况,而接下来由于饱和风险的下降,系统将逐步恢复为与传统的非线性控制器相同的控制器形式,也保证了姿态控制的响应速度以及控制精度。

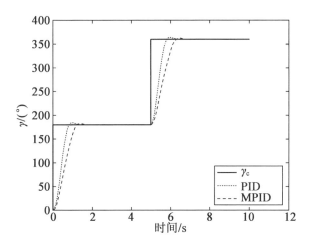

图 7.9 阶跃信号响应曲线

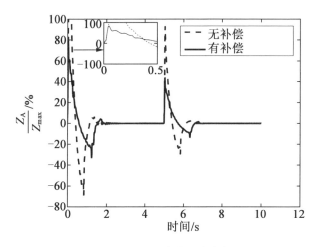

图 7.10 系统输入响应曲线

对变质心飞行器的控制器进行设计。根据模型强耦合、强非线性的特点,以及摄动和不确定项的影响,选用自适应滑模控制方法进行设计。滑模控制是一类常用的针对非线性系统的控制方法,该类控制方法无论是抵抗外部扰动还是控制器自身参数的影响,都有十分优秀的鲁棒性。将其与自适应方法结合,用来抑制不确定项的影响。由于变质心飞行器的控制方式为只针对滚转通道控制,俯仰通道以及偏航通道不会施加主动控制,所以该控制器的输出为滚转角。

7.4　变质心再入飞行器滑模控制器设计

以上方法是基于线性系统进行的控制器设计,而对变质心再入飞行器而言,由于其本身具有的非线性特点,在线性化的过程中不可避免地会造成模型的不准确,降低了控制器的控制能力。对于非线性系统的控制器设计,滑模法则是一种通用的方法。对于系统(7.4),设计基于反步法的滑模控制器,具体方法如下:

(1) 定义滑模面 S_1 及其趋近形式

$$S_1 = x_1 - \gamma_c \tag{7.24}$$

$$\dot{S}_1 = k_1 S_1 \tag{7.25}$$

其中,$k_1 < 0$。

则可求得虚拟控制量 $x_{2c} = k_1 S_1 + \dot{\gamma}_c$。

(2) 类似地,定义滑模面 S_2 及其趋近形式

$$S_2 = x_2 - x_{2c} \tag{7.26}$$

$$\dot{S}_2 = k_2 S_2 \tag{7.27}$$

其中,$k_2 < 0$。

结合式(7.4)、式(7.26)、式(7.27)可以得到滑块的期望位置为

$$z_A = (k_2 S_2 - f(x_1, x_2) - \Delta f + \dot{x}_{2c}) / b \tag{7.28}$$

至此,便实现了对变质心再入飞行器的滑模姿态控制器设计。

考虑到变质心控制飞行器的特点,针对滚转通道姿态控制问题,提出了基于新型扩张观测器的自适应鲁棒控制方法。具体体现在:①考虑到变质心飞行器数学模型是非线性高阶微分方程,非线性特点导致其控制系统不宜采用传统的线性系统控制理论进行设计,需要有针对性地研究非线性控制方法,本书提出了基于变结构控制理论的姿态控制器设计方法。②考虑到各通道间具有明显的耦合作用,滑块与飞行器相互作用而产生的耦合因素严重地影响着系统的动态特性,系统质心的频繁变化产生惯性主轴偏移问题,提出了采用扩张观测器估计上述因素对滚转通道的影响、对影响因素进行补偿控制的设计方法,从而提高了滚转通道姿态控制系统的鲁棒性。针对系统模型参数大范围变化的特点,提出了控制器参数根据飞行运动状态进行自适应调整的策略,从而提高了姿态控制系统的自适应性。下面具体介绍相应的理论。

7.4.1 扩张观测器理论基础

扩展观测器的一个重要组成部分是 Fal 函数。Fal 函数是一个非线性环节，具有线性结构所没有的良好品质，Fal 函数的反馈结构如图 7.11 所示。

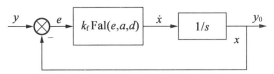

图 7.11　Fal 函数的反馈结构

可以描述为

$$\begin{cases} \dot{x} = k_f \text{Fal}(e, a_f, d_f) \\ e = y - x \\ y_0 = x \end{cases} \qquad (7.29)$$

其中

$$\text{Fal}(e, a_f, d_f) = \begin{cases} |e|^{a_f} \text{sgn}(e), & |e| > d_f \\ e/d_f^{1-a_f} & |e| \leq d_f \end{cases}$$

其中 k_f 为比例系数；a_f 为 0～1 之间的常数；d_f 为影响滤波效果的常数；y 为输入信号；y_0 为 y 通过函数反馈结构的输出信号，写为 $y_0 = \text{Fal}_{\text{Filter}}(y, k_f, a_f, d_f)$。

定义 d_f 为 Fal 函数滤波器的滤波因子，增加 d_f 可使滤波效果更好，但同时也增加了跟踪的延迟，因而需要在滤波效果和跟踪速度之间做一个折中考虑。一般可取 $5T \leq d_f \leq 10T$，其中 T 为采样时间。k_f 是调节响应速度的比例系数，k_f 越大跟踪越快，但滤波效果会变差。a_f 越小，跟踪越快，但滤波效果会变差。因而需要在 k_f、a_f 和 d_f 之间做一个综合考虑。

Fal 函数滤波器随着 $|e|$ 的变化具有不同的形式，当 $|e| > d_f$ 时，非线性反馈 $k|e|^a \text{sgn}(e)$ 可以使系统迅速地逼近输入信号 y，从而使误差 $|e|$ 趋近于 d_f。当 $|e| \leq d_f$ 时，式（7.29）为一个低通滤波器。这里 $k_f \text{Fal}(e, a_f, d_f) = k_f e/d_f^{1-a_f}$，设 $k_1 = k_f/d_f^{1-a}$，从而输入 y 到输出 y_0 写成传递函数的形式为

$$\frac{y_0}{y} = \frac{k_1/s}{1 + k_1/s} = \frac{k_1}{s + k_1} = \frac{1}{s/k_1 + 1} \qquad (7.30)$$

可知为一个低通滤波器。当 d_f 减小时，k_1 增加，即截止频率增大，带宽变宽，跟踪速度变快，但由于有更多的噪声信号通过，滤波效果变差。同理，当 d_f 增加

时，k_1减小,带宽变窄,跟踪速度变慢,但滤波效果较好。上面的分析结果不但说明了 Fal 函数滤波器具有快速收敛以及滤波的本质原因,还说明了可以用 d_f 来调整跟踪速度和滤波效果。

Fal 函数的优良特性使得 Fal 函数滤波器有较好的滤波效果,为了说明 Fal 函数滤波器具有快速收敛和噪声抑制的能力,从 Fal 函数作为控制反馈的角度进行分析。

设系统 $\dot{x} = w(x,t) + u$,其中, $|w(x,t)| \leq w_0$ 为系统噪声, u 为控制量。希望取状态 x 的反馈 $u = u(x)$,使闭环系统的稳态误差尽可能小。这里取反馈 $u(x) = -k_f \mathrm{Fal}(x, a_f, d_f)$。

则当 $|x| > d_f$ 时,闭环系统变为 $\dot{x} = -k_f |x|^{a_f} \mathrm{sgn}(x) + w(x,t)$,两边乘 $2x$,得

$$\mathrm{d}x^2/\mathrm{d}t = -2k_f |x| \cdot |x|^{a_f} + 2xw \leq -2k_f |x| \cdot |x|^{a_f} + 2|x| \cdot |w(x,t)|$$

在上式基础上,进一步可得

$$\mathrm{d}x^2/\mathrm{d}t \leq -2k_f |x| \cdot |x|^{a_f} + 2|x| \cdot w_0 \leq -2k_f |x| \cdot (|x|^{a_f} - w_0/k_f)$$

当 $|x(t)| > (w_0/k_f)^{1/a}$ 时,非线性反馈 $u(x) = -k_f |x|^{a_f} \mathrm{sgn}(x)$ 将把 $w(x,t)$ 引起的稳态误差限制在 $|x| \leq |w_0/k_f|^{1/a_f}$ 的范围内。当 $a_f = 1$(线性反馈)时,误差以指数衰减方式到达稳态误差范围 $|x| \leq w_0/k_f$。然而,只要 $a_f < 1$(非光滑反馈),误差即以有限时间衰减到范围 $|x| \leq |w_0/k_f|^{1/a_f}$,远比指数衰减要快。

当 $|x| \leq d_f$ 时,闭环系统变为 $\dot{x} = -k_f x/d_f^{1-a_f} + w(x,t)$,两边乘 $2x$,得

$$\mathrm{d}x^2/\mathrm{d}t = -2k_f x^2/d_f^{1-a_f} + 2xw(x,t) = -2x^2(k_f/d_f^{1-a_f} - w(x,t)/x)$$

当 x 满足 $k_f/d_f^{1-a_f} - w(x,t)/x > 0$,即满足 $|x| > |w(x,t)| d_f^{1-a_f}/k_f$ 时,则有 $\mathrm{d}x^2/\mathrm{d}t < 0$。因此反馈将 $w(x,t)$ 引起的稳态误差限制在 $|x| \leq |w(x,t)| d_f^{1-a_f}/k_f$ 范围内。

7.4.2 基于终端滑模的扩张状态观测器设计

扩张状态观测器是一种不仅能观测系统的所有状态,还能观测系统的不确定性以及外界干扰的观测器,它是许多控制器设计的关键。在设计扩张状态观测器时采用非奇异终端滑模作为非线性控制律,能够保证观测值在有限时间内收敛到被观测状态,即观测误差在有限时间内收敛到零,并且扩张的状态能够观测到系统的不确定性及外扰。

基于这一思想,提出有限时间收敛 ESO。考虑如下的二阶系统:

$$\begin{cases} \dot{x}_1 = x_2 \\ \dot{x}_2 = f(x_1,x_2) + bu + \Delta(x_1,x_2) + w_d \\ y = x_1 \end{cases} \quad (7.31)$$

其中,$f(x_1,x_2)$是系统模型中的确定部分,由状态量线性组合而成;$\Delta(x_1,x_2)$是系统模型中的未知部分;w_d是外界扰动;u是控制量,由系统状态反馈构成;y是系统输出。若令$x_3 = \Delta(x_1,x_2) + w_d$为系统的一个新状态,则状态扩张后的新系统为

$$\begin{cases} \dot{x}_1 = x_2 \\ \dot{x}_2 = f(x_1,x_2) + x_3 + bu \\ \dot{x}_3 = f_\xi \\ y = x_1 \end{cases} \quad (7.32)$$

其中,f_ξ表示x_3的导数,形式及大小未知。

当f_ξ有界,即$|f_\xi| < f_{g0}$时,可应用Fal函数来构造非线性反馈函数,并应用非奇异终端滑模变结构的方法设计ESO的控制量,给出如下定理:

定理7.3 针对状态扩张后的系统设计三阶扩张状态观测器,在控制量u_{ESO}的作用下,扩张状态观测器的状态能在有限时间内快速收敛到跟踪状态,实现对系统不确定性及外扰的估计:

$$\begin{cases} e_1 = z_1 - x_1 \\ e_2 = z_2 - x_2 \\ u_{ESO} = -\left(f(e_1,e_2) + \beta\dfrac{q}{p}e_2^{2-p/q} + (\hat{l}_g + \varepsilon)\mathrm{sgn}(s)\right) \\ \dot{\hat{l}}_g = k_g \dfrac{1}{\beta}\dfrac{p}{q}e_2^{p/q-1}|s| \\ s = e_1 + \dfrac{1}{\beta}e_2^{p/q} \\ \dot{z}_1 = z_2 \\ \dot{z}_2 = z_3 + u_{ESO} + f(z_1,z_2) + bu \\ \dot{z}_3 = -\beta_0 \mathrm{Fal}(e_1,a_2,\delta) \end{cases} \quad (7.33)$$

其中,z_1、z_2、z_3分别是x_1、x_2、x_3的观测值;$0 < a_2 < 1$;β_0为观测器的增益系数;e_1、e_2表示状态误差;$\hat{l}_g$是复合干扰边界值l_g的估计,其自适应调节律如上式中所示;s是非奇异终端滑模面,式中$\beta > 0, 1 < p/q < 2, \varepsilon > 0$。

证明： 对状态扩张后的系统设计扩张状态观测器，令 $e_1 = z_1 - x_1, e_2 = z_2 - x_2$，$e_3 = z_3 - x_3$，则有

$$\begin{cases} \dot{e}_1 = e_2 \\ \dot{e}_2 = f(e_1, e_2) + u_{\text{ESO}} + g(e_1, e_2, e_3) \end{cases} \tag{7.34}$$

其中，x_1、x_2 是系统(7.31)的状态值；$|g(e_1, e_2, e_3)| \leq l_g$ 代表不确定性及外界干扰。

非奇异终端滑模面为

$$s = e_1 + \frac{1}{\beta} e_2^{p/q} \tag{7.35}$$

取非奇异终端滑模控制量 u_{ESO}，以下证明在此控制量的作用下，观测器的状态能在有限时间内收敛到系统的状态值。由上式可知

$$\begin{aligned}
\dot{s} &= \dot{e}_1 + \frac{1}{\beta} \frac{p}{q} e_2^{p/q-1} \dot{e}_2 \\
&= \dot{e}_1 + \frac{1}{\beta} \frac{p}{q} e_2^{p/q-1} [f(e_1, e_2) + u_{\text{ESO}} + g(e_1, e_2, e_3)] \\
&= \dot{e}_1 - e_2 + \frac{1}{\beta} \frac{p}{q} e_2^{p/q-1} [g(e_1, e_2, e_3) - (\hat{l}_g + \varepsilon)\text{sgn}(s)] \\
&= \frac{1}{\beta} \frac{p}{q} e_2^{p/q-1} [g(e_1, e_2, e_3) - (\hat{l}_g + \varepsilon)\text{sgn}(s)]
\end{aligned} \tag{7.36}$$

记 $\tilde{l}_g = l_g - \hat{l}_g$，定义 Lyapunov 函数：

$$V = \frac{1}{2} s^2 + \frac{1}{2k_g} \tilde{l}_g^2 \tag{7.37}$$

$$\begin{aligned}
\dot{V} &= s\dot{s} + \frac{1}{k_g} \tilde{l}_g \dot{\tilde{l}}_g = s\dot{s} - \frac{1}{k_g} \tilde{l}_g \dot{\hat{l}}_g \\
&= s\left\{\frac{1}{\beta} \frac{p}{q} e_2^{p/q-1} [g(e_1, e_2, e_3) - (\hat{l}_g + \varepsilon)\text{sgn}(s)]\right\} - \frac{1}{k_g} k_g \frac{1}{\beta} \frac{p}{q} e_2^{p/q-1} |s| \tilde{l}_g \\
&= \frac{1}{\beta} \frac{p}{q} e_2^{p/q-1} s g(e_1, e_2, e_3) - \frac{1}{\beta} \frac{p}{q} e_2^{p/q-1} |s|(\hat{l}_g + \varepsilon) - \frac{1}{\beta} \frac{p}{q} e_2^{p/q-1} |s|(l_g - \hat{l}_g) \\
&= \frac{1}{\beta} \frac{p}{q} e_2^{p/q-1} s g(e_1, e_2, e_3) - \frac{1}{\beta} \frac{p}{q} e_2^{p/q-1} \varepsilon |s| - \frac{1}{\beta} \frac{p}{q} e_2^{p/q-1} |s| l_g \\
&\leq -\frac{1}{\beta} \frac{p}{q} e_2^{p/q-1} \varepsilon |s|
\end{aligned} \tag{7.38}$$

由于 $1 < p/q < 2$，则 $0 < p/q - 1 < 1$，且 p 和 $q(p>q)$ 是正奇数，则 $e_2^{p/q-1} > 0 (e_2 \neq 0$ 时)，式中 $\varepsilon > 0$ 为小正数，$\beta > 0$，所以

$$\dot{V} \leq -\frac{1}{\beta}\frac{p}{q}e_2^{p/q-1}\varepsilon|s| \leq 0 \tag{7.39}$$

其中,当 $e_2 \neq 0$ 时,$\dot{V}<0$。系统满足 Lyapunov 稳定条件,观测误差 e_1、e_2 能在有限时间内收敛到零。因而可知在控制量 u_{ESO} 的作用下,误差 e_2 是有界的。

设起始时刻 $t_0=0$,因为系统中存在不确定因素及外界干扰,在初始时刻 $s(t_0)\neq 0$,将 $s(t_0)\neq 0$ 到 $s=0$ 的时间记为 t_f,则可知 $t=t_f$ 时,有 $s(t_f)=0$,由于

$$\begin{aligned} s\dot{s} &= s\frac{1}{\beta}\frac{p}{q}e_2^{p/q-1}(g(e_1,e_2,e_3)-(\hat{l}_g+\varepsilon)\text{sgn}(s)) \\ &= \frac{1}{\beta}\frac{p}{q}e_2^{p/q-1}(sg(e_1,e_2,e_3)-\hat{l}_g|s|-\varepsilon|s|) \\ &\leq -\frac{1}{\beta}\frac{p}{q}e_2^{p/q-1}\varepsilon|s| \end{aligned} \tag{7.40}$$

当 $s \geq 0$ 时,有

$$\dot{s} \leq -\frac{1}{\beta}\frac{p}{q}e_2^{p/q-1}\varepsilon \tag{7.41}$$

将上式两边同时对时间进行积分,得

$$\int_{s(t_0)}^{s(t_f)}\mathrm{d}s \leq -\int_0^{t_f}\frac{1}{\beta}\frac{p}{q}e_2^{p/q-1}\varepsilon\mathrm{d}t = -\frac{1}{\beta}\frac{p}{q}\varepsilon\int_0^{t_f}e_2^{p/q-1}\mathrm{d}t \leq -\frac{1}{\beta}\frac{p}{q}\varepsilon\int_0^{t_f}e_2^{p/q-1}(t_f)\mathrm{d}t \tag{7.42}$$

于是有

$$t_f \leq \frac{s(t_0)}{\dfrac{1}{\beta}\dfrac{p}{q}e_2^{p/q-1}(t_f)\varepsilon} \tag{7.43}$$

同理,当 $s \leq 0$ 时,有

$$t_f \leq -\frac{-s(t_0)}{\dfrac{1}{\beta}\dfrac{p}{q}e_2^{p/q-1}(t_f)\varepsilon} \tag{7.44}$$

综上所述,可得

$$t_f \leq \frac{|s(t_0)|}{\dfrac{1}{\beta}\dfrac{p}{q}e_2^{p/q-1}(t_f)\varepsilon} \tag{7.45}$$

将 $e_1(t_f)\neq 0$ 到 $e_1(t_f+t_s)=0$ 的时间记为 t_s,在此阶段 $s=0$,由式(7.34)可得

$$e_2 = -(\beta e_1)^{q/p} \Rightarrow \dot{e}_1 = -\beta^{q/p}e_1^{q/p} \tag{7.46}$$

对上式进行积分,得

$$\begin{cases} \int_{e_1(t_f)}^{0} e_1^{-q/p} de_1 = -\int_{t_f}^{t_f+t_s} \beta^{q/p} dt \\ t_s = \dfrac{p}{\beta^{q/p}(p-q)} |e_1(t_f)|^{1-q/p} \end{cases} \quad (7.47)$$

于是可以计算出有限时间 t_d 为

$$t_d = t_f + t_s \leqslant \frac{|s(t_0)|}{\dfrac{1}{\beta}\dfrac{p}{q}e_2^{p/q-1}(t_f)\varepsilon} + \frac{p}{\beta^{q/p}(p-q)}|e_1(t_f)|^{1-q/p} \quad (7.48)$$

从而证得在控制量 u_{ESO} 的作用下,s 在有限时间内到达 $s=0$,然后保持在 $s=0$ 的滑动模态上;在滑动模态上,e_1、e_2 将在有限时间内收敛到零,同时,由于观测器中 $\dot{z}_3 = -\beta_0 \text{Fal}(e_1, a_2, \delta)$,当 e_1 收敛到零后,在 Fal 函数反馈结构的作用下,z_3 也将收敛到扩张的状态 x_3,即可以观测到不确定性及外界干扰的值。有限时间 t_d 可以通过设置参数 β、p、q、ε 来确定而与系统参数无关。 证毕□

7.4.3 基于新型扩张观测器的滚转控制器设计

为进行控制器设计,首先建立相应的滚转通道姿态控制器的设计模型。由于单滑块变质心飞行器的姿态控制任务是控制滚转姿态运动,从简化设计模型的角度出发,滚转姿态运动表达为

$$\begin{cases} \dfrac{d\gamma}{dt} = \omega_{x1} - \tan\vartheta(\omega_{y1}\cos\gamma - \omega_{z1}\sin\gamma) \\ \dot{\omega}_{x1} = \dfrac{1}{I_{xx}}(C_{mx}qS_m l_m + \Delta y C_x qS_m - I_{12}\omega_x\omega_y) + \Delta f + \dfrac{1}{I_{xx}}\dfrac{m}{M_T}x_{A_3/p_3}C_y qS_m \end{cases} \quad (7.49)$$

$$\begin{aligned}
\frac{d\omega}{dx} = \text{inv}(\boldsymbol{I}^c) \cdot \begin{bmatrix} C_{mx}qS_m l_m \\ C_{my}qS_m l_m \\ C_{mz}qS_m l_m \end{bmatrix} + \text{inv}(\boldsymbol{I}^c) \cdot \begin{bmatrix} -\Delta y C_z qS_m + \bar{z} C_y qS_m \\ -\bar{z} C_x qS_m \\ \Delta y C_x qS_m \end{bmatrix} - \\
\text{inv}(\boldsymbol{I}^c) \cdot \begin{bmatrix} 2\mu_3 x_{A_3/p_3} \dot{x}_{A_3/p_3}\omega_x + I_{33}\omega_y\omega_z - I_{12}\omega_x\omega_z - I_{22}\omega_y\omega_z \\ 2\mu_3 x_{A_3/p_3} \dot{x}_{A_3/p_3}\omega_y + c\mu_3 \ddot{x}_{A_3/p_3} + I_{11}\omega_x\omega_z + I_{12}\omega_y\omega_z - I_{33}\omega_x\omega_z \\ -2\mu_3 c\, \dot{x}_{A_3/p_3}\omega_x + I_{12}\omega_x^2 + I_{22}\omega_x\omega_y - I_{11}\omega_x\omega_y - I_{12}\omega_y^2 \end{bmatrix}
\end{aligned}$$

$$(7.50)$$

其中,Δf 表示滑块运动引起的通道间耦合、姿态运动数学模型中的气动交叉耦合、惯性耦合和模型参数不确定性引起的综合影响。对滚转姿态角导数的数学

表达式进一步求取微分,可得

$$\frac{\mathrm{d}^2\gamma}{\mathrm{d}t^2} = \dot{\omega}_{x1} - \frac{\mathrm{d}[\tan\vartheta(\omega_{y1}\cos\gamma - \omega_{z1}\sin\gamma)]}{\mathrm{d}t} \tag{7.51}$$

进一步整理可得

$$\frac{\mathrm{d}^2\gamma}{\mathrm{d}t^2} = f + \Delta f + v_0 \tag{7.52}$$

其中

$$f = \frac{1}{I_{zz}}(C_{mz}qS_m l_m + \Delta y C_x qS_m - I_{12}\omega_x\omega_y) - \sec^2\vartheta(\omega_{y1}\cos\gamma - \omega_{z1}\sin\gamma)\dot{\vartheta} -$$
$$\tan\vartheta(\dot{\omega}_{y1}\cos\gamma + \omega_{y1}\sin\gamma\,\dot{\gamma} - \dot{\omega}_{z1}\sin\gamma - \omega_{z1}\cos\gamma\,\dot{\gamma}) \tag{7.53}$$

$$v_0 = \frac{1}{I_{zz}}\frac{m}{M_T}x_{A_3/p_3}C_y qS_m \tag{7.54}$$

进一步取 $x_1 = \gamma$ 和 $x_2 = \dot{\gamma}$,可以将滚转通道的数学模型进一步表达为

$$\begin{cases} \dot{x}_1 = x_2 \\ \dot{x}_2 = f(x_1, x_2) + bu + \Delta f \\ y = x_1 \end{cases} \tag{7.55}$$

其中

$$\begin{cases} b = \dfrac{1}{I_{zz}}\dfrac{m}{M_T}C_y qS_m \\ u = x_{A_3/p_3} \end{cases} \tag{7.56}$$

若令 $x_3 = \Delta f$ 为系统的一个新状态,则可以得到状态扩张后的新系统为

$$\begin{cases} \dot{x}_1 = x_2 \\ \dot{x}_2 = f(x_1, x_2) + x_3 + bu \\ \dot{x}_3 = f_\xi \\ y = x_1 \end{cases} \tag{7.57}$$

根据前面在基于终端滑模的扩张观测器中的研究成果可知,如下形式的扩张观测器可以对系统中的不确定性 Δf 进行估计:

$$\begin{cases} e_1 = z_1 - x_1 \\ e_2 = z_2 - x_2 \\ u_{\text{ESO}} = -\left(f(e_1, e_2) + \beta \dfrac{q}{p} e_2^{2-p/q} + (\hat{l}_g + \varepsilon)\operatorname{sgn}(s)\right) \\ \dot{\hat{l}}_g = k_g \dfrac{1}{\beta} \dfrac{p}{q} e_2^{p/q-1} |s| \\ s = e_1 + \dfrac{1}{\beta} e_2^{p/q} \\ \dot{z}_1 = z_2 \\ \dot{z}_2 = z_3 + u_{\text{ESO}} + f(z_1, z_2) + bu \\ \dot{z}_3 = -\beta_0 \operatorname{Fal}(e_1, a_2, \delta) \end{cases} \quad (7.58)$$

下面采用滑动模态变结构方法设计滚转姿态控制律,选取如下形式的滑动模态面：

$$\tilde{s} = (\gamma^* - \gamma) + k\dot{\gamma} \quad (7.59)$$

选取趋近律为

$$\dot{\tilde{s}} = k_1 \tilde{s} + k_2 \operatorname{sgn}(\tilde{s}) \quad (7.60)$$

于是,可以设计如下形式的控制量 u 使得滚转姿态角跟踪期望指令：

$$u = \left(\dfrac{1}{k}(k_1(\gamma^* - \gamma + k\dot{\gamma}) + k_2 \operatorname{sgn}(\gamma^* - \gamma + k\dot{\gamma}) - (\dot{\gamma}^* - \dot{\gamma})) - f(x_1, x_2) - z_3\right)/b \quad (7.61)$$

上式中的 z_3 是对滚转通道不确定性的估计值。另外,为对指令信号安排过渡过程,在指令信号 γ^* 之后加入滤波器环节,以使系统的输入相对平缓,从而可以提取出 $\dot{\gamma}^*$ 的数值。上式中包括相应的控制器参数,控制器参数需要根据设计者对姿态控制的需求,结合控制量的限制(滑块移动的最大距离和移动速度)给出相应的取值。针对飞行器不同的飞行状态和姿态控制需求,需要设计不同的控制器参数,然后在线使用时,根据飞行状态对控制器参数进行相应的调整。调整策略为根据飞行状态对控制参数进行插值。

7.5 自适应滑模控制器设计

7.5.1 摄动分析

由于变质心飞行器模型具有很强的不确定性,并且执行机构存在摄动,因此控制方法研究时必须把不确定性和摄动考虑进去。

变质心飞行器与传统飞行器类似,都存在气动参数和质量参数的摄动。同时,由于进行了模型简化,因此也存在着模型的参数不确定性。

此外,由于引入了滑动变质心机构,模型也具有以下两种独特的不确定性。

(1)滑块运动引入的干扰力矩。

由第 2 章推导的方程可知,由于滑块安装在飞行器内部,因此滑块的状态位置的改变就会对二体系统产生力的作用,这些力由于二体系统合质心的偏移就会产生扰动力矩并且会对姿态角产生影响,由于滑块的位移是一有界量,因此由它引入的扰动力的力矩也是有界量且随着时间改变而改变。

(2)滑块运动引入的转动惯量偏差。

由于滑块和弹体二体系统合质心的改变,飞行器的转动惯量也随之变化了,第 5 章中得出的转动惯量矩阵如下:

$$J_c = J_{m_s} + J_m + m_s((r^c_{O_1/c})^T r^c_{O_1/c} E - r^c_{O_1/c} r^{c\ T}_{O_1/c}) + m((r^c_{A/c})^T r^c_{A/c} E - r^c_{A/c} r^{c\ T}_{A/c})$$

(7.62)

由上述方程可以看出,滑块的位移不仅仅改变了转动惯量,也改变了惯性主轴并且产生了惯量积,由此产生惯性耦合干扰。由于摄动和不确定项的存在,在此需要针对该非线性、强耦合且不确定性强的系统选取合适的控制器进行设计。

7.5.2 自适应滑模控制器设计思路

本节选用自适应滑模控制方法进行控制器的设计,因为滑模控制是一类常被用来控制非线性系统的方法,该类控制方法无论是抵抗外部扰动还是控制器自身参数的影响,都有十分优秀的鲁棒性。一般的被控系统均具有不同程度的某种时变的不确定性,当该不确定性可以被匹配时,应用滑模变结构控制器可以使得系统渐近稳定,并且该种控制器针对这种被匹配的不确定性具有鲁棒性。但是该变质心飞行器系统的不确定性无法全部被匹配,此时滑模变结构控制器的控制性能往往会受到很大的影响，严重时甚至会导致滑动模态的不稳定。

事实上设计滑模控制器分为两步，首先要提出切换函数，另外就是对变结构控制器的设计。系统中的非匹配不确定性仅仅靠滑模控制器是不能克服的，因此只从滑模控制方法的角度来设计是无法满足控制要求的。针对这种问题，有研究人员提出可以从切换函数的角度入手，选择合适的切换函数来克服该种非匹配不确定性。该种方法即令切换函数为 0 时含有不确定性的系统渐近稳定，这样就可以得到一个和原系统具有相同不确定性的等效系统，实际系统中的不确定性即可由该系统来体现。

将该种方法与退步法结合，在引入状态变换的基础上，该系统可被拆分成两个维数相同的子系统(内外环控制器)，其中第一个子系统(外环控制器)与实际控制量无关，可以将第二个子系统(内环控制器)中的状态量当作其控制量，影响整个系统的不确定性就在外环控制器中体现，而内环控制器则直接受到真实控制量的控制。

随着技术的发展，许多飞行器系统都选用滑模控制方式来实现控制要求，使用该方法时，当系统的状态达到了空间中某个面时控制器就会随其进行改变，该方法的优点也基于这一特点，即可以通过选择不同的空间中的面来使得系统具有设计所需的特性(在滑模面上的瞬态特性)，当系统达到滑模面并随滑模面的形状运动时，系统对外部扰动具有某类不变性，此时系统就具有良好的鲁棒性，该方法也因此对有很强的扰动和不确定性的系统提供了一个良好的思路。传统的飞行器控制方法主要都是一些线性方法，首先对非线性模型进行线性化处理，然后根据线性化后的模型设计控制器，接着对参数进行调节或试凑使其满足需要，然而本节变质心飞行器模型是具有强扰动、强耦合的一类非线性系统，模型具有很强的不确定性，因此若应用线性化方法控制系统很难具有好的鲁棒性和稳定性。因此针对本书模型，使用滑模控制和自适应方法相结合，但是针对高超声速变质心飞行器系统快时变强耦合的特点，使用该种控制方法对其进行姿态控制仍有很大的挑战。

针对单滑块变质心控制飞行器，对滚转通道的控制通过滑道安放在 z 轴的滑块位移完成，不考虑偏航和俯仰通道的控制。考虑气动力系数、由控制器执行机构安防引入的不确定因素，下面对其自适应滑模控制律进行研究，同时从 Lyapunov 稳定性角度对系统的不确定性进行自适应设计，以抵消实际系统中不确定项的影响。

飞行器动力学模型是一个复杂的非线性系统，在对其进行控制器设计之前，先对该系统进行简化。由于该方程中存在着控制量的乘方项,而控制量的变化范围数量级与转动惯量数量级相差十分大,因此乘方项在此方程中的影响可以近似忽略不计,若不考虑控制量的二阶项,并将已知的转动惯量矩阵参数代入,则可得到

$$\begin{cases} \dfrac{\mathrm{d}\gamma}{\mathrm{d}t} = \omega_{cx} - \tan\gamma(\omega_{cy}\cos\gamma - \omega_{cz}\sin\gamma) \\ \dot{\omega}_{cx} = \dfrac{M_{rxc}}{d_1} + \dfrac{M_{ryc}}{d_2} - \dfrac{\dot{l}_z\mu_1\omega_{cz}l_x}{d_3} \end{cases} \tag{7.63}$$

化简前后的角加速度的对比曲线如图 7.12 所示,可以看出经过化简后的动力学模型与原模型基本重合,因此使用化简模型进行控制器推导计算是可行的。

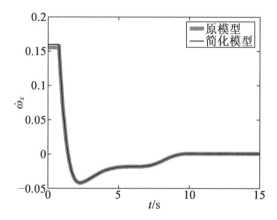

图 7.12 转动惯量矩阵简化前后的 $\dot{\omega}_x$ 曲线对比

变质心控制飞行器仿射模型如下:

$$\begin{cases} \dot{x}_1 = f_1(x_1) + B_1(x_1)x_2 \\ \dot{x}_2 = f_2(x_1,x_2) + B_2(x_1,x_2)u \end{cases} \tag{7.64}$$

由于实际情况中存在着气动参数的摄动,同时由于在模型简化过程中忽略了小量的影响,因此 B_2 中也存在着参数不确定性。因此变质心控制飞行器仿射模型可表示成

$$\begin{cases} \dot{x}_1 = f_1 + \Delta f_1 + B_1 x_2 + \Delta B_1 x_2 \\ \dot{x}_2 = f_2 + \Delta f_2 + B_2 u + \Delta B_2 u \end{cases} \tag{7.65}$$

其中,Δf_1、Δf_2 为气动参数摄动、模型不确定性以及外界干扰引起的不确定项;ΔB_1、ΔB_2 为输入不确定项。

本节基于标准反步控制思想,可以将其划分为两个子系统,对于外环控制器采用自适应模糊反馈线性化控制方法进行虚拟控制量设计,然后将所得到的虚拟控制量作为内环控制器的跟踪目标。设计出了针对过载和滚转角速度的双回路,同时,由于系统不确定性的存在,因此选用滑模控制方法并采用自适应方法更新滑模控制参数,控制系统的结构框图如图7.13所示。

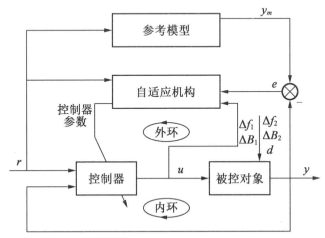

图7.13 控制框图

普通的滑模到达条件无法规定系统在空间中到达滑模面的运动轨迹,因此无法保证系统在整个到达阶段始终保持所需要的动态性能指标。各类型的滑模趋近律便是因此被设计出来的,如指数趋近律、幂次趋近律等,这些趋近律可以保证控制器在到达段的性能。还有一种最为直接的方法,即本节所使用的积分滑模控制器,该方法设计积分器的初始状态,使得系统初始状态就位于滑模面上而不具备到达段,使得该种类型控制器具有很好的鲁棒性并且改善系统的稳态误差。

7.5.3 外环控制器设计

根据反步控制的思想,首先对外环控制器进行设计。

由前面可知,外环不确定性主要由飞行器本体的气动参数摄动引起,该不确定性可以表达成一个连续的有界函数:

$$\Delta f_1 + \Delta B_1 x_2 \leqslant |\Delta f_1 + \Delta B_1 x_2| \leqslant \eta_1^* \tag{7.66}$$

为了后续设计,在此使用反馈线性化方法改写系统。反馈线性化方法的基本思想就是,使用状态反馈抵消系统中的非线性部分,从而得到输入和输出之间的线性关系式(伪线性系统),它的优点是不依赖于原非线性系统求解,只需根据非线性系统进行反馈变换,因此它也被广泛应用于飞行器控制系统设计中。其动态逆控制律表示如下:

$$x_2 = B_1^{-1}(v_1 - f_1) \tag{7.67}$$

对于变质心飞行器,由上面可知 $B_1(x_1) = 1$,因此 B_1^{-1} 存在。

外环控制器跟踪的滚转角指令和实际控制量之间的误差如下:

$$e_1 = x_0 - x_1 \tag{7.68}$$

其中,x_0 为指令姿态角,为阶跃信号;x_1 为实际控制量。

滑模面表示如下:

$$s_1 = K_{11} e_1 + K_{12} \int_0^t e_1 \mathrm{d}t \tag{7.69}$$

对上式进行微分,可得

$$\dot{s}_1 = K_{11}(\dot{x}_{1d} - v_1 - \Delta f_1 - \Delta B_1 x_2 + K_{11}^{-1} K_{12} e_1) \tag{7.70}$$

设计指数趋近律如下:

$$\dot{s}_1 = K_{11}[-a_1 s_1 - \mathrm{sgn}(s_1)\varepsilon_1] \tag{7.71}$$

可得

$$v_{1d} = \dot{x}_{1d} + K_{11}^{-1} K_{12} e_1 - \Delta f_1 - \Delta B_1 x_2 + a_1 s_1 + \mathrm{sgn}(s_1)\varepsilon_1 \tag{7.72}$$

其中,K_{11}、K_{12}、a_1 为待设计控制器参数,该参数可分别独立设计。

由于系统不确定项的存在且不确定项上界未知,因此将上述滑模控制律修正为如下形式:

$$v_{1d} = \dot{x}_{1d} + K_{11}^{-1} K_{12} e_1 + a_1 s_1 + \mathrm{sgn}(s_1)\hat{\eta}_1 \tag{7.73}$$

其中,$\hat{\eta}_1$ 用来抵消不确定性,基于自适应方法更新 $\dot{\hat{\eta}}_1$,表达式如下:

$$\dot{\hat{\eta}}_1 = c_1 K_{11} |s_1| \tag{7.74}$$

综上所述,可获得外环滑模控制律:

$$x_{2d} = B_1^{-1}[\dot{x}_{1d} - f_1 + K_{11}^{-1} K_{12} e_1 + a_1 s_1 + \mathrm{sgn}(s_1)\hat{\eta}_1] \tag{7.75}$$

7.5.4 内环控制器设计

由状态方程可知气动参数的摄动会对内环控制器造成影响,该不确定性也为连续有界函数,因此有

$$\Delta f_2 + \Delta B_2 u \leqslant |\Delta f_2 + \Delta B_2 u| \leqslant \eta_2^* \tag{7.76}$$

与外环控制回路类似,内环的动态逆控制律为

$$u = B_2^{-1}(v_2 - f_2) \tag{7.77}$$

由于 $\det(B_2) \neq 0$，所以 B_2^{-1} 恒存在。定义内环误差向量 $e_2 = x_{2d} - x_2$，其中 x_{2d} 为外环控制器得到的虚拟控制量。

设计内环滑模面为 $s_2 = e_2$，使得内环状态量 x_2 跟踪虚拟控制量 x_{2d}。采用与外环相同的指数趋近律，可得到内环自适应滑模控制律：

$$v_{2d} = \dot{x}_{2d} + a_2 s_2 + \mathrm{sgn}(s_2)\hat{\eta}_2 \tag{7.78}$$

其中，a_2 为控制器参数；$\hat{\eta}_2$ 用来克服不确定项的影响，表达式如下：

$$\dot{\hat{\eta}}_2 = c_2 |s_2| \tag{7.79}$$

对其可行性证明可见下一节。

综上，可得到实际的控制指令：

$$u = B_2^{-1}[\dot{x}_{2d} - f_2 + a_2 s_2 + \mathrm{sgn}(s_2)\hat{\eta}_2] \tag{7.80}$$

由于虚拟控制量 x_{2d} 与实际状态量 x_2 间存在偏差，因此可得

$$\dot{s}_1 = K_{11}[B_1 e_2 - a_1 s_1 - \mathrm{sgn}(s_1)\hat{\eta}_1 - \Delta f_1 - \Delta B_1 x_2] \tag{7.81}$$

为保证控制系统的稳定，偏差 $K_{11}B_1 e_2$ 需要通过内环控制器的真实控制量来抵消，因此可将式(3.19)修正为

$$u = B_2^{-1}[\dot{x}_{2d} - f_2 + a_2 s_2 + \mathrm{sgn}(s_2)\hat{\eta}_2 - B_1^{\mathrm{T}} K_{11} s_1] \tag{7.82}$$

7.5.5 稳定性分析

选取如下 Lyapunov 函数：

$$V = \frac{1}{2}(s_1^{\mathrm{T}} s_1 + \tilde{\eta}_1^{\mathrm{T}} c_1^{-1} \tilde{\eta}_1 + s_2^{\mathrm{T}} s_2 + \tilde{\eta}_2^{\mathrm{T}} c_2^{-1} \tilde{\eta}_2) \tag{7.83}$$

式中，$\tilde{\eta}_i = \eta_i^* - \hat{\eta}_i, i = 1, 2, V > 0, V$ 为一有下界的函数。

对 Lyapunov 函数求导，可得

$$\begin{aligned}\dot{V} =\ & s_1^{\mathrm{T}} K_{11}[-a_1 s_1 - \mathrm{sgn}(s_1)\hat{\eta}_1 - \Delta f_1 - \Delta B_1 x_2 + B_1 e_2] + \\
& s_2^{\mathrm{T}}[-a_2 s_2 - \mathrm{sgn}(s_2)\hat{\eta}_2 - B_1^{\mathrm{T}} K_{11} s_1 - \Delta f_2 - \Delta B_2 u] - \tilde{\eta}_1^{\mathrm{T}} c_1^{-1}\tilde{\eta}_1 - \tilde{\eta}_2^{\mathrm{T}} c_2^{-1}\tilde{\eta}_2\end{aligned} \tag{7.84}$$

将自适应律代入上式，且不确定项满足不等式，则可得到

$$\begin{aligned}\dot{V} \leqslant\ & -|s_1^{\mathrm{T}}|K_{11}a_1|s_1| - |s_1^{\mathrm{T}}|K_{11}(\eta_1^* - \hat{\eta}_1) + |s_1^{\mathrm{T}}|K_{11}\eta_1^* - \tilde{\eta}_1^{\mathrm{T}} c_1^{-1}\tilde{\eta}_1 - \\
& |s_2^{\mathrm{T}}|a_2|s_2| - |s_2^{\mathrm{T}}|(\eta_2^* - \hat{\eta}_2) + |s_2^{\mathrm{T}}|\eta_2^* - \tilde{\eta}_2^{\mathrm{T}} c_2^{-1}\tilde{\eta}_2 + s_1^{\mathrm{T}} K_{11} B_1 e_2 - e_2^{\mathrm{T}} B_1^{\mathrm{T}} K_{11} s_1 \\
=\ & -|s_1^{\mathrm{T}}|K_{11}a_1|s_1| + \tilde{\eta}_1^{\mathrm{T}}(K_{11}|s_1| - c_1^{-1}\tilde{\eta}_1) - |s_2^{\mathrm{T}}|a_2|s_2| + \tilde{\eta}_2^{\mathrm{T}}(|s_2| - c_2^{-1}\tilde{\eta}_2) \\
=\ & -|s_1^{\mathrm{T}}|K_{11}a_1|s_1| - |s_2^{\mathrm{T}}|a_2|s_2| \leqslant 0\end{aligned} \tag{7.85}$$

由于 K_{11} 为滑模面参数，$K_{11} \neq 0$；a_1、a_2 为内外环指数趋近律的参数，a_1，$a_2 \neq 0$，因此 $\dot{V} < 0$，可知闭环系统是渐近稳定的。由于滑块有加速度存在，为了消除符号函数带来的震颤现象，将符号函数近似表示为如下连续函数：

$$\text{sgn}(s_1) = \frac{s_i}{|s_i| + \lambda_i} \tag{7.86}$$

其中，λ_i 为接近于零的正数。

7.5.6 仿真分析

以一个变质心再入飞行器为例，对上述控制器进行仿真分析并验证其性能，仿真程序的流程图如图 7.14 所示。

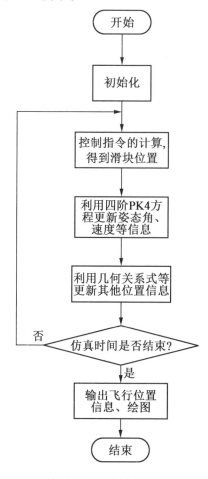

图 7.14 仿真程序流程图

其中,判断循环结束主要依据仿真时间。因为若直接判断误差是否满足精度要求之后,还可能出现随着仿真时间的推移变为发散的情况,为了避免这种情况,在进行多次仿真分析确定大概仿真稳定收敛的时间后,将该时间延长一些作为判断循环结束的条件,此时可以保证得到的控制器曲线不会发散。

仿真的初始条件和控制器参数表如表 7.3、表 7.4 所示。其中,考虑气动参数摄动为 ±10%。在本节中 K_{11}、K_{22}、c_1 和 c_2 是需要自己调节的参数,对仿真的结果也有很大的影响。性能指标选取为滑块能耗最优,并且在比较参数影响的时候,考虑气动参数无摄动影响。

表 7.3 初始状态表

参数名称	数值
高度/m	40 000
速度/(m·s^{-1})	5 000
俯仰角/(°)	0
偏航角/(°)	3
滚转角/(°)	0
倾斜角/(°)	30
攻角/(°)	3
侧滑角/(°)	0

表 7.4 控制参数表

控制参数	数值	控制参数	数值
a_1	1.5	a_2	1.9
K_{11}	0.3	K_{12}	0.000 1
c_1	0.55	c_2	0.015
$\hat{\eta}_1$	0	$\hat{\eta}_2$	0

7.5.7 控制器参数影响分析

仿真结果如表 7.5~7.8 所示。由表 7.5 可知,参数 K_{11} 对该控制器误差影响较小,但对性能指标影响较大,当该参数超过 0.6 并且小于 0.2 时控制器就无法稳定,K_{11}为0.2时看似误差和性能指标均很优,但是稳定时间很长,也并不是最理想的数值;由表7.6可知,K_{12}变化对性能指标几乎无影响,但对误差影响十分明显,因为选取的K_{12}参数波动很小,但是可以看出滚转角的误差变化明显,为了让控制器稳定,K_{12}需选取一个与其他参数比起来数量级较小的数。

表7.5 K_{11}变化对滚转角误差的影响

编号	K_{11}	K_{12}	c_1	c_2	误差/(°)	性能指标
1	0.20	0.000 1	0.55	0.015	0.040 1	0.303
2	0.25	0.000 1	0.55	0.015	0.089 8	0.367
3	0.30	0.000 1	0.55	0.015	0.072 4	0.425
4	0.35	0.000 1	0.55	0.015	0.060 3	0.482
5	0.5	0.000 1	0.55	0.015	0.041 4	0.670
6	0.6	0.000 1	0.55	0.015	0.036 2	0.912

表7.6 K_{12}变化对滚转角误差的影响

编号	K_{11}	K_{12}	c_1	c_2	误差/(°)	性能指标
1	0.30	0.000 06	0.55	0.015	0.061 7	0.425
2	0.30	0.000 08	0.55	0.015	0.067 1	0.425
3	0.30	0.000 1	0.55	0.015	0.072 4	0.425
4	0.30	0.000 12	0.55	0.015	0.077 8	0.425
5	0.30	0.000 2	0.55	0.015	0.099 2	0.425
6	0.30	0.000 4	0.55	0.015	0.152 3	0.425

由表7.7可知,参数c_1是用来克服外环控制器中不确定项的影响,可以看出对误差和性能指标影响均较小,随着c_1的增长滚转角误差减小,但是能耗在增加,因此c_1的选择适中即可。

表7.7 c_1变化对滚转角误差的影响

编号	K_{11}	K_{12}	c_1	c_2	误差/(°)	性能指标
1	0.30	0.000 1	0.45	0.015	0.078 7	0.417
2	0.30	0.000 1	0.50	0.015	0.075 3	0.421

续表 7.7

编号	K_{11}	K_{12}	c_1	c_2	误差/(°)	性能指标
3	0.30	0.000 1	0.55	0.015	0.072 4	0.425
4	0.30	0.000 1	0.60	0.015	0.070 0	0.429
5	0.30	0.000 1	1.00	0.015	0.058 4	0.468
6	0.30	0.000 1	2.00	0.015	0.051 7	0.592

由表 7.8 可知,c_2 用来调节内环控制器中不确定项的影响,它对能耗的影响几乎可以忽略,即使在控制器无法稳定的边缘对性能指标的影响也不大,但是对误差的影响只有在选取的参数附近浮动时很小,也就是说若 c_2 选择合理,则内环控制器中不确定项影响对控制器其实是很小的。

表 7.8 c_2 变化对滚转角误差的影响

编号	K_{11}	K_{12}	c_1	c_2	误差/(°)	性能指标
1	0.30	0.000 1	0.55	0.005	0.072 3	0.424
2	0.30	0.000 1	0.55	0.010	0.072 4	0.425
3	0.30	0.000 1	0.55	0.015	0.072 4	0.425
4	0.30	0.000 1	0.55	0.040	0.072 7	0.427
5	0.30	0.000 1	0.55	0.080	0.121 0	0.475
6	0.30	0.000 1	0.55	0.085	0.335 3	0.482

7.5.8 仿真结果分析

考虑气动参数摄动的阈值为 10%,因此在每组仿真中,气动参数的摄动值服从(-10%,10%)的正态分布。

(1)第一组曲线跟踪滚转角指令为 30°,仿真结果如图 7.15 所示。

从图 7.15 可以看出,在气动参数摄动的情况下,采用上述自适应滑模控制律可以较好地控制滚转角,此时跟踪误差为 0.070 1°,且滑块位移曲线也在合理范围内(仿真过程中由于需模拟实际情况,因此规定滑块的加速度小于 0.5 m/s²)。

(2)在气动参数摄动情况下,该组曲线跟踪滚转角指令为 15°,如图 7.16 所示。

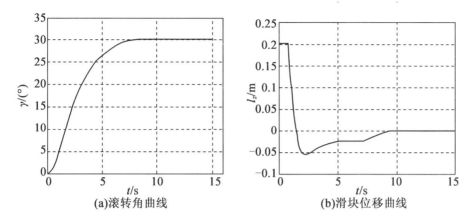

图 7.15 跟踪 30° 滚转角曲线

从图 7.16 可以看出,在气动参数摄动的情况下,采用上述自适应滑模控制律可以较好地控制滚转角,此时跟踪误差为 0.017 5°,且滑块位移曲线也在合理范围内,此时跟踪误差小于 0.1%,且滚转通道调节时间很短。

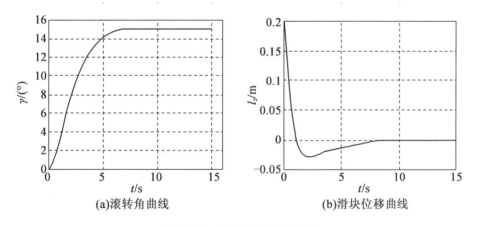

图 7.16 跟踪 15° 滚转角曲线

(3)在标称情况下,跟踪滚转角指令为 45°,仿真结果如图 7.17 所示。

可以看出在跟踪 45° 阶跃信号时,虽然滚转通道调节时间较长,但是其误差为 0.315 2°,稳态误差小于 1%。

气动参数摄动对误差影响仿真结果如图 7.18 所示。

由图 7.18 可知,气动参数摄动会对标称情况下的滚转角轨迹产生影响,偏差阈值为 [0.075°, 0.089°]。在较为明显的气动摄动情况下,偏差范围较小,说明本章所设计的控制方法具有较好的鲁棒性。

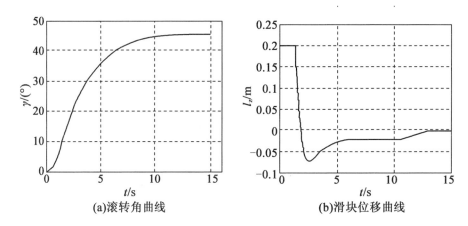

图 7.17 跟踪 45°滚转角曲线

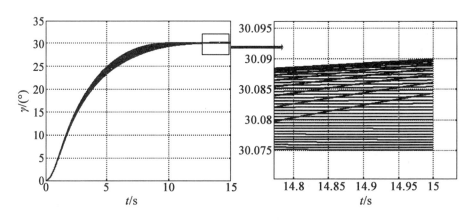

图 7.18 气动参数摄动情况下跟踪 30°滚转角曲线簇

相比于气动参数 c_x,气动参数 c_y 发生摄动的情况下,0~3 s 之间的滚转角相对于标称值的偏差散布更大,带状轨迹簇更粗,可见 c_y 摄动对轨迹影响更大。

综合以上几组仿真曲线可以看出,本节设计出的自适应滑模控制器可以适用于该变质心飞行器模型,并且可以十分有效地克服系统中不确定项的影响以及环境中的摄动,该控制系统同时具有良好的鲁棒性。

7.6　基于高斯伪谱法的控制器参数优化方法

本章在前两章的基础上对控制器参数的优化方法进行研究。将本章姿态控制转换为一般最优控制问题,由于该控制器的耦合严重、非线性很强,运用解析法无法完成其优化,因此选用直接法,即数值法对该最优问题进行求解。该方法适用于求解目标函数复杂或者无法使用间接法求解的非线性最优问题。它的优点也十分明显,即只需要考虑问题的充分条件,不需要求解最优的必要条件,并且使用简单、计算简单。

7.6.1　最优控制问题的数学描述

最优控制问题的三要素分别是:数学模型、约束条件和性能指标,其中性能指标又分为积分型性能指标、终端型性能指标和复合型性能指标。基于这三要素可对最优控制问题进行表达。

假定控制系统的状态方程和初值:

$$\dot{x}(t) = f[x(t), u(t), t], \quad x(t_0) = x_0 \qquad (7.87)$$

其中,$x(t) \in X \subset \mathbf{R}^n$ 为状态量,X 为可能存在状态量的集合;$u(t) \in \Omega \subset \mathbf{R}^m$ 为控制向量,Ω 为可能存在控制量的集合;试确定参数 p^* 或者控制变量 $u^*(t)$ 使系统从初始条件 $x(t_0) = x_0$ 转移到目标集,与此同时性能指标也为极值,性能指标表示如下:

$$J = \int_{t_0}^{t_f} L(x, u, p, t) \mathrm{d}t + \Phi(x(t_f), p) \qquad (7.88)$$

同时要使约束条件满足如下等式或不等式:

$$\begin{cases} \dot{x} = f(x, u, p, t) \\ c(x, u, p, t) = 0 \\ d(x, u, p, t) \leqslant 0 \\ x(t_0) = x_0 \\ \psi(x(t_f), p) = 0 \end{cases} \qquad (7.89)$$

上述约束条件分别解释如下:$\dot{x} = f(x, u, p, t)$ 为状态约束(状态方程);$c(x, u, p, t) = 0$ 为控制量和状态量之间的等式约束;$d(x, u, p, t) \leqslant 0$ 为不等式约束;$x(t_0) = x_0$ 约束了初值;$\psi(x(t_f), p) = 0$ 为终端状态约束,即给定了最终到达的目标集。

将本章中控制器参数优化问题用上述最优控制问题来描述,其表述如下:

(1)性能指标方程式(7.88)中的 J 通常为滑动质量块能耗最小(燃料最优问题)、调整时间最短(时间最优问题),或者二者复合最优。

(2)在 $\dot{x}=f(x,u,p,t)$ 中,状态约束为第 2 章建模所得到的微分方程,有滑块的位置信息、速度信息、姿态角信息、角速度信息。例如,$\dfrac{\mathrm{d}\gamma}{\mathrm{d}t}=\omega_{cx}-\tan\gamma(\omega_{cy}\cos\gamma-\omega_{cz}\sin\gamma)$ 即是该问题的状态约束之一。

(3)$c(x,u,p,t)=0,d(x,u,p,t)\leqslant 0$,控制变量、状态变量和参数均存在约束,因为在控制器参数优化过程中,由于实际情况限制,滑块的位移、速度和加速度均有限制。

(4)$x(t_0)=x_0$,本模型给出了飞行器初始位置、速度初值、姿态角初值等条件作为初值约束。

(5)$\psi(x(t_f),p)=0$,在参数优化中,将目标滚转角的误差作为终端约束条件。

7.6.2 参数化过程

本章选用的高斯伪谱法属于直接法,直接法即为使用数值法求解最优控制问题,因此将最优控制问题进行参数化处理是十分重要的。针对变质心控制器的参数化方法的步骤如下:(1)选取合适的时间插值点;(2)对控制量 $u(t)$ 进行参数化;(3)对目标函数和约束条件进行参数化处理。

1. 时间分段

划分时间应根据是否满足控制器的精度要求以及所选用的数值方法的取点方式来细分,经过分段之后,时间被分成 N 份(不等分),表示为 $t_0<t_1<\cdots<t_{N-1}<t_N=t_f$。

2. 控制量 $u(t)$ 的参数化

将控制量经过线性化后,可以得到该控制量在 $t\in[t_i,t_{i+1}]$ ($i=0,1,\cdots,N-1$)区间内的形式:

$$u(t)=u_i+\frac{t-t_i}{t_{i+1}-t_i}(u_{i+1}-u_i) \tag{7.90}$$

其中,u_i 代表 t_i 时刻控制量的值;u_{i+1} 代表 t_{i+1} 时刻控制量的值。因此,任意时刻

的 $u(t)$ 都可以用过控制参数 $u_0, u_1, \cdots, u_{N-1}, u_N$ 表示。$\boldsymbol{u}_i$ 是 m 维列向量,可以将 $\boldsymbol{u}_1, \boldsymbol{u}_2, \cdots, \boldsymbol{u}_i$ 中的所有元素和参数矩阵 $\boldsymbol{P}$ 中的所有元素一起,作为未知的参数写成向量形式,其表达式如下:

$$\tilde{\boldsymbol{u}} = [\boldsymbol{u}_0^T, \boldsymbol{u}_1^T, \cdots, \boldsymbol{u}_N^T, p_1, p_2, \cdots, p_p]^T = [\tilde{u}_1, \tilde{u}_2, \cdots, \tilde{u}_{m(N+1)+n_p}]^T \quad (7.91)$$

其中,$\tilde{u}_i$ 是标量,$\tilde{\boldsymbol{u}} \in \mathbf{R}^{m(N+1)+n_p}$。

3. 目标函数与约束条件的参数化

在状态微分方程的表达中,左侧为状态量的导数,右侧则为关于时间的函数,因此若要获得状态量随时间的变化规律 $x(\tilde{u}, t)$,则需要对微分方程右侧的函数进行对时间的积分,时间变化为 t_0 到 t_f。积分的初值通常根据情况给出,由参数化后的控制量可以得出状态变量的变化律。

在优化过程中,将关于参数化后的控制量的目标函数近似看作实际的目标函数,即 $J(\tilde{u}) \approx J$,而 $J(\tilde{u})$ 可以通过状态变量 $x(\tilde{u}, t)$ 来求得。

对状态量、控制量以及参数之间的等式约束进行参数化处理则可见如下系列表达式。具体方法为在时间段内选取时间配置点,然后在这些时间配置点处将约束条件强制离散化。

$$\begin{cases} t_0 < t_1 < \cdots < t_{N-1} < t_N = t_f \\ \text{ceq}_1 = c_1(x(\tilde{u}, t_0), \tilde{u}, t_0) = 0 \\ \quad \vdots \\ \text{ceq}_{n_c} = c_{n_c}(x(\tilde{u}, t_0), \tilde{u}, t_0) = 0 \\ \text{ceq}_{n_c+1} = c_1(x(\tilde{u}, t_1), \tilde{u}, t_1) = 0 \\ \quad \vdots \\ \text{ceq}_{2n_c} = c_{n_c}(x(\tilde{u}, t_1), \tilde{u}, t_1) = 0 \\ \quad \vdots \\ \text{ceq}_{n_c \cdot N} = c_1(x(\tilde{u}, t_N), \tilde{u}, t_N) = 0 \\ \quad \vdots \\ \text{ceq}_{n_c(N+1)} = c_{n_c}(x(\tilde{u}, t_N), \tilde{u}, t_N) = 0 \end{cases} \quad (7.92)$$

对于终端状态的等式约束也可以用该方法进行离散化:

$$\begin{cases} \text{ceq}_{n_c(N+1)+1} = \psi_1(x(\tilde{u},t_N),\tilde{u},t_N) = 0 \\ \quad\quad\vdots \\ \text{ceq}_{n_c(N+1)+n_f} = \psi_{n_f}(x(\tilde{u},t_N),\tilde{u},t_N) = 0 \end{cases} \quad (7.93)$$

状态量、控制量和参数之间的不等式约束如下：

$$\begin{cases} \text{cneq}_1 = d_1(x(\tilde{u},t_0),\tilde{u},t_0) \leq 0 \\ \quad\quad\vdots \\ \text{cneq}_{n_c} = d_{n_d}(x(\tilde{u},t_0),\tilde{u},t_0) \leq 0 \\ \text{cneq}_{n_c+1} = d_1(x(\tilde{u},t_1),\tilde{u},t_1) \leq 0 \\ \quad\quad\vdots \\ \text{cneq}_{2n_c} = d_{n_d}(x(\tilde{u},t_1),\tilde{u},t_1) \leq 0 \\ \quad\quad\vdots \\ \text{cneq}_{n_c \cdot N} = d_1(x(\tilde{u},t_N),\tilde{u},t_N) \leq 0 \\ \quad\quad\vdots \\ \text{cneq}_{n_c(N+1)} = d_{n_d}(x(\tilde{u},t_N),\tilde{u},t_N) \leq 0 \end{cases} \quad (7.94)$$

使用上述方法对该最优控制问题进行了参数化以及强制离散后，即将该问题转换为非线性规划问题（NLP），该类非线性规划问题的数学表达如下：

$$\begin{cases} \min J(\tilde{u}) \\ \text{s.t.} \\ \text{ceq}(\tilde{u}) = 0 \\ \text{cneq}(\tilde{u}) \leq 0 \end{cases} \quad (7.95)$$

4. SQP 算法

在离散过程结束后将运用连续二次规划法，即 SQP 方法对离散化后的代数方程进行求解。但是该方法寻优得到的最优解并非全局最优解，而仅仅是初值域内的局部最优解，因此该方法十分依赖初值。若无合适的初值，该方法甚至可能陷入死循环中，无法获得局部最优解。在本章 7.3 节中手动调试的控制器参数即为最优控制问题的初值。

目前求解最优控制问题主要有直接法和间接法两种方法。其中利用间接法求解最优控制问题的好处在于它得到的最优解在保证精度高的同时,也能满足原始优化问题的一阶最优性条件,但是它的不足之处在于推导起来十分复杂且对于未知边界条件的初值估计要十分精准。利用直接法求解的基本原理是,将原本连续的问题进行离散化,并将其转化为参数优化的问题。近年来,伴随着计算机技术和控制理论的不断进步,直接法也在慢慢取代间接法被研究者普遍采用。相比于间接法,它不需要对一阶最优条件进行十分复杂的推导,并且对初值的敏感度不高。而伪谱法则是十分常用的一种直接优化方法,本节选用高斯伪谱法这类直接优化方法,它采用了拉格朗日正交插值多项式在 Legendre – Gauss 配置点(LG 点)上对控制量和状态量进行逼近。它最主要的优点就是,由于约束条件不会在边界配置,因此该方法插值点少,所以计算速度与其他伪谱法相比要快很多。该方法适用于约束条件十分复杂的模型,它建立在勒让德伪谱法的基础上,并且弥补了勒让德伪谱法的不足,它在保留直接法的基础上,还能保证高速收敛且精度高、计算快,是目前最广泛的应用于飞行器轨迹优化中的方法。本节将对高斯伪谱法的原理进行介绍,并且采用该方法对第 3 节的控制器模型进行参数化、离散和求解。

7.6.3 高斯伪谱法

首先介绍一些十分经典的基本伪谱法,令 $P_m(x)$ ($-1 < x < 1$) 表示 m 阶勒让德差值,则可以得到如下关系式:

$$P_0(x) = 1, \quad P_1(x) = x \tag{7.96}$$

$$P_{m+1}(x) = \frac{2m+1}{m+1} x P_m(x) - \frac{m}{m+1} P_{m-1}(x) \quad (m = 1, 2, \cdots) \tag{7.97}$$

$P_m(x)$ 是 m 个根的集合且其零点都属于简单零点,且在间隔 $(-1, 1)$ 内。对于给定的正整数 m,通过 $\{\tau_i\}_{i=1}^m$ 来定义勒让德配置点。令 $\varphi_i(t)$ ($i = 1, \cdots, m$) 为从 $\tau_0 = -1$ 开始的拉格朗日多项式,且勒让德配置点为 τ_i ($i = 1, \cdots, m$)。这些点的表示如下:

$$\varphi_i(t) = \prod_{j=0, j \neq i}^{m} \frac{t - \tau_j}{\tau_i - \tau_j} \quad (i = 0, \cdots, m) \tag{7.98}$$

根据 Kronecker 性质,可以得出

$$\varphi_i(\tau_j) = \delta_{ij} = \begin{cases} 1 & (i = j) \\ 0 & (i \neq j) \end{cases} \tag{7.99}$$

伪谱法的取点在分布上集中在时间区间端点附近,该取点方式主要是为了

规避龙格现象,该现象的示意图如图 7.19 所示,该现象描述为:插值次数越高或等间距插值时,靠近时间区间端点附近发散更加严重,并且曲线偏离原函数。因此说明伪谱法的取点方式更为合适。

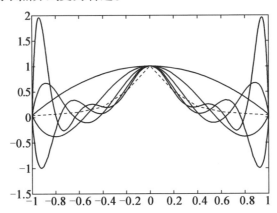

图 7.19 龙格现象示意图

用拉格朗日多项式来逼近一个定义域为 $(-1,1)$ 的函数 F:

$$F(t) = \sum_{i=0}^{m} b_i \varphi_i(t) \tag{7.100}$$

其中,$b_i = F(t)(i=1,\cdots,m)$。定义域为任意区间 (a,b) 的函数 G,经过拉格朗日多项式可以逼近成如下形式:

$$G(t) = \sum_{i=0}^{m} G(\hat{\tau}_i) \hat{\varphi}_i(t) \tag{7.101}$$

其中,$\hat{\tau}_i = ((b-a)\tau_i + (b+a))/2 (i=1,\cdots,m)$ 是与区间 (a,b) 有关的拉格朗日插值点;$\hat{\varphi}_i(t) = \varphi_i - ((2/(b-a))t - (b+a)/(b-a))$ 是与 $\hat{\tau}_i$ 有关的拉格朗日多项式。拉格朗日插值点取值的不同会造成逼近过程的精度不同以及稳定性和鲁棒性的差异。

对于使用微分方程来描述的系统,基于给定光滑函数的导数 $F'(t)$,经典伪谱法的数值解均在时间节点 τ_i 上。在 F 是充分光滑函数的条件下,可以将 F 的一阶导数一致近似成如下表达式:

$$F'(t) = \sum_{i=0}^{m} F(\hat{\tau}_i) \varphi'_i(t) \tag{7.102}$$

由于 $\varphi'_i(t)$ 是一个 m 阶的多项式,可以得到

$$\varphi'_i(t) = \sum_{j=0}^{m} \varphi'_i(\hat{\tau}_j) \varphi_i(t) \tag{7.103}$$

根据上述两式可以得到

$$F'(t) = \sum_{i=0}^{m}\sum_{j=0}^{m} \varphi'_i(\tau_i) F(\hat{\tau}_i) \varphi_i(t) \quad (7.104)$$

$$F'(t) = \sum_{j=0}^{m} d_{ki} f(\tau_i) \quad (7.105)$$

其中,$d_{ki} = \varphi'_i(\tau_k)(i,k=1,\cdots,m)$ 表示定义的 $(m+1)\times(m+1)$ 阶矩阵 $\boldsymbol{D}$ 的第 (i,k) 个元素。从上述式子中可以看出,微分矩阵 $\boldsymbol{D}$ 的元素是通过 $\varphi_i(t)$ 的求导和在插值点 τ_k 的估计值来计算的 $(i,k=0,\cdots,m)$。

使用拉格朗日插值公式来逼近下式积分:

$$\int_a^b G(t) \mathrm{d}x = \frac{b-a}{2}\sum_{i=1}^{m} \omega_i f\left(a + (\tau_i + 1)\frac{b-a}{2}\right) \quad (7.106)$$

式中

$$\omega_i = \frac{2}{(1-\tau_i^2)[\dot{P}_m(\tau_i)]^2} \quad (i=1,\cdots,m) \quad (7.107)$$

是拉格朗日插值积分的权重。此外,由于拉格朗日插值积分的精度为 $2m-1$,因此多项式 $f(x)$ 的次数始终小于等于 $2m-1$。

用高斯积分来近似性能指标函数中的积分项,就可以得到高斯伪谱法中的性能指标为

$$J = \varPhi(X_0, t_0, X_f, t_f) + \frac{b-a}{2}\sum_{k=1}^{m}\omega_k g(X_k, U_k, \tau_k; t_0, t_f) \quad (7.108)$$

在前面所述的近似方法的基础上,高斯伪谱法需要将连续的最优控制问题进行离散化处理,然后将其转化为非线性规划(NP)问题:在满足插值点上的终端约束条件、状态量约束和边界条件 $\varPhi(X_0, t_0, X_f, t_f)$ 的条件下,求离散状态变量 $(X_0, X_1, \cdots, X_K)$ 和控制变量 $(U_0, U_1, \cdots, U_K)$,令上述性能指标函数达到极值。

下面对基于伪谱法的控制器离散化方法加以介绍。

1. 时域归一化

为了使实际飞行的时间历程 $t \in [t_0, t_f]$ 与高斯伪谱法所选取的配点相对应,首先要将时间历程 t 进行归一化处理,转换到 $\tau \in [-1, 1]$。对时间 t 先进行变换:

$$\tau = \frac{2t - (t_f + t_0)}{t_f - t_0} \quad (7.109)$$

在此基础上,变质心飞行器控制器参数的最优控制问题的目标函数就可以

写成如下形式：

$$J = \Phi(x(-1), t_0, x(1), t_f) + \frac{t_f - t_0}{2}\int_{-1}^{1} g(x(\tau), u(\tau), \tau) \mathrm{d}t \quad (7.110)$$

变质心飞行器的动力学模型中，微分方程变成如下形式：

$$\dot{x}(\tau) = \frac{t_f - t_0}{2} f(x(\tau), u(\tau), \tau) \quad (\tau \in [-1, 1]) \quad (7.111)$$

边界条件转换为

$$\Phi(x(-1), t_0, x(1), t_f) = 0 \quad (7.112)$$

路径约束转换为

$$C(x(\tau), u(\tau), \tau) \leq 0 \quad (7.113)$$

2. 状态量和控制量离散

选取飞行器的速度、位置、姿态角及角速度信息作为飞行过程中的状态变量，即 $x = [\varphi, \psi, \gamma, x, y, z, v_x, v_y, v_z, \omega_x, \omega_y, \omega_z]^T$。并且选取滑块位移 l_z 作为控制量 u，设计方法与原则将在后面详细介绍。

高斯伪谱法选了 $N+1$ 个拉格朗日插值点，在其上进行拉格朗日插值近似，近似结果如下：

$$x(\tau) \approx X(\tau) = \sum_{i=0}^{N} \varphi_i(\tau) x(\tau_i) \quad (7.114)$$

式中，$\varphi_i(\tau)$ 为拉格朗日插值基函数，表达式如下：

$$\varphi_i(\tau) = \prod_{j=0, j \neq i}^{N} \frac{\tau - \tau_j}{\tau_i - \tau_j} \quad (7.115)$$

该函数保证了近似状态量在插值点上等于真实值，即 $x(\tau_i) = X(\tau_i)$（$i = 0, \cdots, N$），其中，τ_i 为插值节点。

同理，对控制变量近似方法也同样使用了拉格朗日插值基函数 $\varphi_i(\tau)$：

$$u(\tau) \approx U(\tau) = \sum_{i=1}^{N} \tilde{\varphi}_i(\tau) u(\tau_i) \quad (i = 1, \cdots, N) \quad (7.116)$$

$$\tilde{\varphi}_i(\tau) = \prod_{j=1, j \neq i}^{N} \frac{\tau - \tau_j}{\tau_i - \tau_j} \quad (7.117)$$

状态量的导数可以从第 2 章状态量的微分方程中获得：

$$\dot{x}(\tau_k) \approx \dot{X}(\tau_k) = \sum_{i=0}^{N} \dot{\varphi}_i(\tau_k) x(\tau_i) = \sum_{i=0}^{N} D_{ki}(\tau_k) x(\tau_i) \quad (7.118)$$

D_{ki} 为一 $N \times (N+1)$ 维的矩阵，称为状态微分矩阵，其表达式如下：

$$D_{ki} = \begin{cases} \dfrac{\dot{P}_N(\tau_k)}{(\tau_k - \tau_i)\dot{P}_N(\tau_i)} & (i \neq k) \\ \dfrac{\ddot{P}_N(\tau_i)}{2\dot{P}_N(\tau_i)} & (i = k) \end{cases} \tag{7.119}$$

综上，变质心飞行器控制器参数优化过程中的状态方程可以转换为如下等式约束条件：

$$\sum_{i=0}^{N} D_{ki}(\tau_k) x(\tau_i) - \frac{t_f - t_0}{2} f(X(\tau_k), U(\tau_k), \tau_k) = 0 \quad (k = 1, \cdots, N) \tag{7.120}$$

7.6.4 高斯伪谱法的算例分析

最速降线是一个基础的最优控制问题，需要进行优化的问题可以描述为：求出一条曲线，使得一个小球沿着该曲线滑动时可以用最短的时间经过一个给定的垂直和水平位移距离。在理想情况下，忽略小球受到的摩擦力和空气阻力，重力当作常值处理。该最优控制问题转换成了针对如下方程，求取时间 t_f 最优的问题：

$$\begin{cases} \dot{x} = \sqrt{2gy} \cos \theta \\ \dot{y} = \sqrt{2gy} \sin \theta \end{cases} \tag{7.121}$$

边界条件为

$$x(0) = y(0) = 0, \quad x(t_f) = 0.5 \tag{7.122}$$

控制量是角度 θ，可通过曲线斜率求导获得。经过高斯伪谱法求解过后，可得数值解如图7.20所示。

下列曲线方程则是该问题的解析解：

$$\begin{cases} x(\tau) = (g\tau_f/\pi)\{\tau - (\tau_f/\pi)\sin[\pi(1 - \tau/\tau_f)]\} \\ y(\tau) = (g\tau_f^2/\pi^2)\cos^2[(\pi/2)(1 - \tau/\tau_f)] \end{cases} \tag{7.123}$$

控制量 θ 的最优形式表达为

$$\theta(\tau) = (\pi/2)(1 - \tau/\tau_f) \tag{7.124}$$

通过将数值解与真实情况下的解析解进行对比可以看出，准确的解析解为 $\tau_f = 1.25331$，使用高斯伪谱法得到的最小时间为 $\tau_f = 1.25318$。可以看出使用伪谱法解决该类最优控制问题时精度是较高的。

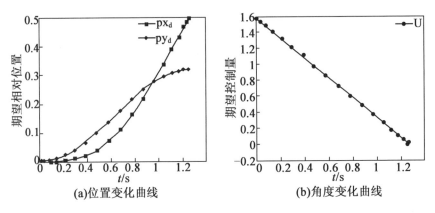

(a)位置变化曲线   (b)角度变化曲线

图7.20　最速降线问题的数值解

7.6.5　约束条件分析

本节研究对象为变质心控制飞行器,在控制器设计过程中要考虑许多约束,将这些约束表达如下:

(1)终端约束条件。

终端约束条件为滚转角误差约束。取具体的约束数值如下:

$$-0.15° \leqslant \gamma(t_f) \leqslant 0.15° \tag{7.125}$$

(2)控制量约束条件。

变质心飞行器在飞行过程中,滑块的位移要小于滑道长度,否则就不符合实际情况。在本节中取:

$$-0.25\ \mathrm{m} \leqslant l_x \leqslant 0.25\ \mathrm{m} \tag{7.126}$$

(3)过程约束条件。

由于实际情况受限,因此滑块的速度和加速度都会受到限制,可以用滑块加速度约束统一来体现:

$$-4\ \mathrm{m/s^2} \leqslant \ddot{l}_x \leqslant 4\ \mathrm{m/s^2} \tag{7.127}$$

7.6.6　仿真分析

本节仿真条件与7.3节中仿真条件相同,将能耗作为控制器参数优化的性能指标:

$$J = \int_{t_0}^{t_f} |l_z|\mathrm{d}t \tag{7.128}$$

控制量大小与单位时间内消耗的燃料成正比,故控制量 u 在时间区间 $[t_0, t_f]$ 内消耗的燃料为

$$F = \int_{t_0}^{t_f} c|u| \mathrm{d}t \quad (c > 0) \tag{7.129}$$

则控制量在 $[t_0, t_f]$ 内消耗的燃料总量为

$$J = \int_{t_0}^{t_f} c|u| \mathrm{d}t$$

使用高斯伪谱法对变质心飞行器控制器参数进行优化的结构流程图如图 7.21 所示。

为了同时满足计算速度和精度要求,选取了 8 个拉格朗日插值点 ($N=8$),得到的时间序列如下:

$$\boldsymbol{t} = [0, 0.962, 3.062, 5.930, 9.070, 11.937, 14.038, 15.000]^\mathrm{T}$$

选取滑块位移量和滑模变结构控制器参数作为控制量 $u(t)$,得到参数化后的结果如下:

$$\boldsymbol{U} = [l_z(1), \cdots, l_z(8), K_{11}, K_{12}, a_{11}, a_{12}]^\mathrm{T} \tag{7.130}$$

状态变量参数化后的向量为

$$\begin{aligned}\boldsymbol{X} = [&\varphi(1), \cdots, \varphi(8), \psi(1), \cdots, \psi(8), \gamma(1), \cdots, \gamma(8), v_x(1), \cdots, v_x(8), \\ &v_y(1), \cdots, v_y(8), v_z(1), \cdots, v_z(8), x(1), \cdots, x(8), y(1), \cdots, y(8), \\ &z(1), \cdots, z(8), \omega_x(1), \cdots, \omega_x(8), \omega_y(1), \cdots, \omega_y(8), \omega_z(1), \cdots, \omega_z(8), \\ &l_x(1), \cdots, l_x(8), \dot{l}_x(1), \cdots, \dot{l}_x(8)]^\mathrm{T}\end{aligned}$$

(1) 气动参数为标称情况,跟踪滚转角指令为 30° 阶跃信号。

经过高斯伪谱法优化后的控制器参数为

$$\begin{cases} K_{11} = 0.250\ 4 \\ K_{12} = 0.000\ 08 \\ a_1 = 0.500\ 4 \\ a_2 = 0.017\ 0 \end{cases} \tag{7.131}$$

仿真结果如图 7.22 所示。

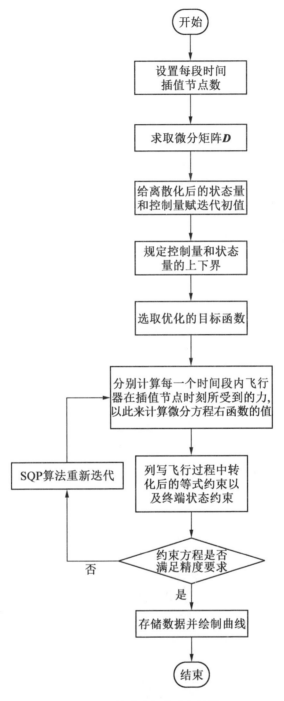

图 7.21 伪谱法程序流程框图

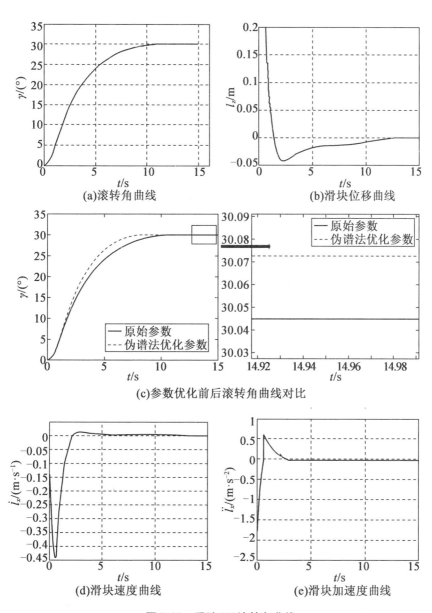

图 7.22 跟踪 30° 滚转角曲线

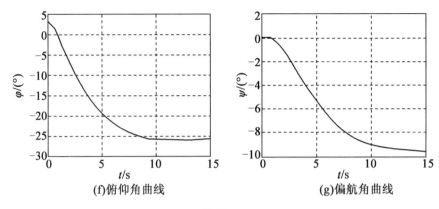

(f)俯仰角曲线   (g)偏航角曲线

续图 7.22

其中性能指标为 $J = 0.320\ 4$,比自己调节的参数中性能指标小了许多。从图 7.22 中可以看出,经过高斯伪谱法优化后的控制器可以较好地控制滚转角,此时跟踪误差为 $0.044\ 8°$,跟踪误差小于 0.149%,误差满足终端约束条件,且滑块位移、滑块速度、加速度曲线也都满足约束条件,并且调节时间有所减少。

(2)气动参数为标称情况,跟踪滚转角指令为 45°阶跃信号。

由于原始控制器跟踪滚转角指令为 45°度阶跃信号时图像较不理想,因此用高斯伪谱法对该控制器进行优化,由于控制器调整时间过长,因此在跟踪 45°滚转角指令时选用的目标函数为时间 – 燃料最优,即在燃料最优的性能指标里加上对时间的加权项,即

$$J = \int_{t}^{t_f} [\rho + |u(t)|] \mathrm{d}t \tag{7.132}$$

其中,ρ 为时间加权系数,代表了设计者对响应时间的重视程度。$\rho = 0$ 即为不考虑响应时间,只关注燃料最优,$\rho \to \infty$ 即为只考虑响应时间长短,在本节中令 $\rho = 0.42$(即时间权重和燃料权重的比例为 $3:7$)。

经过高斯伪谱法优化后的控制器参数为

$$\begin{cases} K_{11} = 0.446\ 2 \\ K_{12} = 0.000\ 08 \\ a_1 = 0.527\ 4 \\ a_2 = 0.013\ 9 \end{cases} \tag{7.133}$$

仿真曲线如图 7.23 所示。

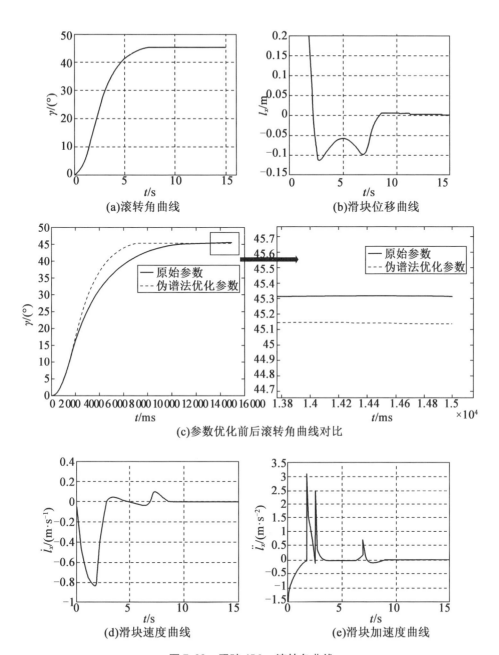

图 7.23 跟踪 45deg 滚转角曲线

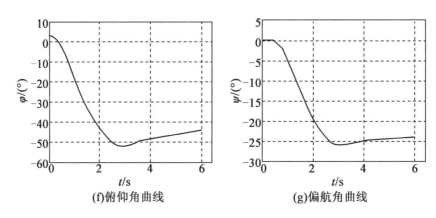

(f) 俯仰角曲线　　　　　　　　(g) 偏航角曲线

续图 7.23

其中性能指标为 $J = 0.607\,5$，比原始参数的性能指标小了许多，而且从图 7.23 中可以看出，经过高斯伪谱法优化后的控制器可以较好地控制滚转角，此时跟踪误差为 $0.139\,3°$，跟踪误差小于 0.3%，误差满足终端约束条件，且滑块位移、滑块速度、加速度曲线也都满足约束条件，并且调节时间有所减少，从 10.68 s 调整到 7.23 s。

第 8 章

变质心再入飞行器仿真分析

8.1 变质心再入飞行器制导控制仿真平台

8.1.1 平台需求分析

变质心再入飞行器制导控制仿真平台是进行变质心再入飞行器制导控制性能分析和评价的辅助工具。该平台的设计旨在基于该平台,建立变质心再入飞行器的数学仿真模型,分析飞行器在再入过程中存在的环境和模型不确定性对制导控制的影响,实现对制导控制方法应用在再入飞行器上的效果验证。

根据上述需求,变质心再入飞行器制导控制仿真平台主要功能如下:

(1) 变质心再入飞行器仿真模型建立。

(2) 变质心再入飞行器外部环境设置。

(3) 变质心再入飞行器制导控制系统验证。

(4) 仿真数据收集。

上述功能均为验证变质心再入飞行器制导控制效果,从仿真模型的建立、系统输入、输出设置与存储。为了实现以上功能需要满足如下性能需求:

(1) 仿真模型建立:实现飞行器参数设定以及初始状态的设定。

(2) 外部环境设定:对于飞行器外部环境(不确定性)进行设置。

(3)仿真试验条件设定:对于仿真试验的模式以及试验次数等参数进行设置。

(4)仿真试验结果存储能力:对于仿真结果进行存储。

8.1.2 平台结构设计

根据变质心再入飞行器制导控制仿真平台的需求分析,将变质心再入飞行器制导控制仿真平台划分为三大子系统,分别为仿真模型建立子系统、仿真试验子系统以及仿真结果存储子系统。根据上述划分,为了提高程序的重用性,实现模块化,对各个子系统实现设计,并集成到仿真平台上,变质心再入飞行器制导控制仿真平台总体结构图如图 8.1 所示。

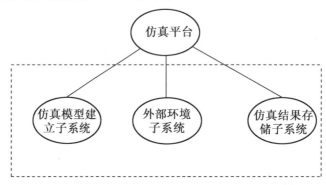

图 8.1 变质心再入飞行器制导控制仿真平台总体结构图

仿真建模建立子系统用于对所需研究的飞行器进行仿真模型的建立,通过将飞行器参数作为输入集成在仿真平台的方式,方便了用同一程序仿真同一类型飞行器的试验,简化了由于飞行器参数变化产生的工作量。

外部环境子系统主要针对飞行器在飞行过程中所处环境存在不确定性的问题,通过用户针对所研究问题的具体问题进行设定,更加有效地实现了不同需求下的变质心再入飞行器制导控制仿真。

仿真结果存储子系统作为整个平台的输出部分,将仿真结果进行输出、存储,为后续的结果分析、可视化演示打下坚实基础。

变质心再入飞行器制导控制仿真平台,实现了从飞行器模型建立到制导、控制仿真验证的全过程实现,平台至少运行于以下配置的计算机:

(1)中央处理器:Intel 酷睿双核处理器主频 2.5 GHz。

(2)内存:1 GB。

(3) 显卡:1 GB 独立显卡。

(4) 硬盘:50 GB。

变质心再入飞行器制导控制仿真平台对软件的配置要求如下:

(1) 变质心再入飞行器制导控制仿真平台可以运行于以下操作系统:Window XP 或 Window 7。

(2) 使用过程中,需安装以下支持软件:Visual Studio 2012。

作为仿真平台的输入部分,为用户提供可视化的再入飞行器建模功能。根据仿真试验中所需要调整与设定的变量,平台为用户提供可编辑的文本框以及对应的默认数值,以保证仿真平台能够正常运行。

考虑到仿真过程中所需的外部环境设定以及蒙特卡洛试验时外部环境不确定性的设置,加入了再入飞行器外部环境设置功能。通过为用户提供可编辑的文本框以及相对应的默认值,使得用户能够按照所需进行配置,方便后续的仿真试验运行。

在再入飞行器仿真试验过程中,考虑到用户的需求,为其提供单次试验与多次试验两种模式。

(1) 单次试验模式。

模拟在某一特定环境下的再入飞行器制导控制效果的验证,结合模型建立以及外部环境设置功能,为用户提供单一次数试验的功能。

(2) 多次试验模式。

模拟在某一特定范围变化的环境内飞行器制导控制效果的验证,结合模型建立以及外部环境设置功能,为用户提供蒙特卡洛试验的功能。

在完成仿真试验后,为用户提供保存仿真结果的功能。将仿真运行的结果由数组转化为后台的 txt 文本,为用户提供试验结果,方便其后续的评估等活动。

根据变质心再入飞行器制导控制仿真平台功能设计及接口设计,开发变质心再入飞行器制导控制仿真平台,下面将给出变质心再入飞行器制导控制仿真平台实现界面。

8.1.3　变质心再入飞行器模型建立子系统的实现

如图 8.2 所示,仿真平台框架主要由左侧的目录菜单和右侧的对话框组成,左侧目录中显示每一个子系统对应的界面名称,并与具体功能通过后台程序进行连接。根据所需要的飞行器参数,分别如图 8.3 和图 8.4 所示。用户可以根据仿真需求对飞行器参数进行手动赋值,也可以采用系统给定的默认值进行赋值。

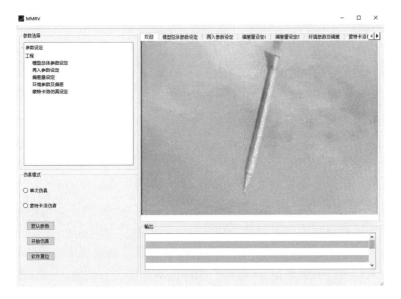

图 8.2 变质心再入飞行器制导控制仿真平台欢迎界面

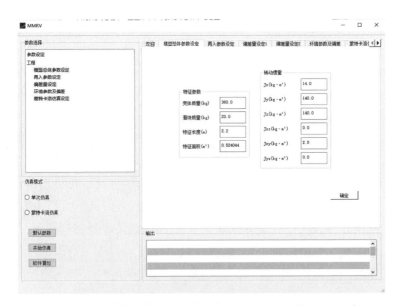

图 8.3 变质心再入飞行器制导控制仿真平台模型建立界面

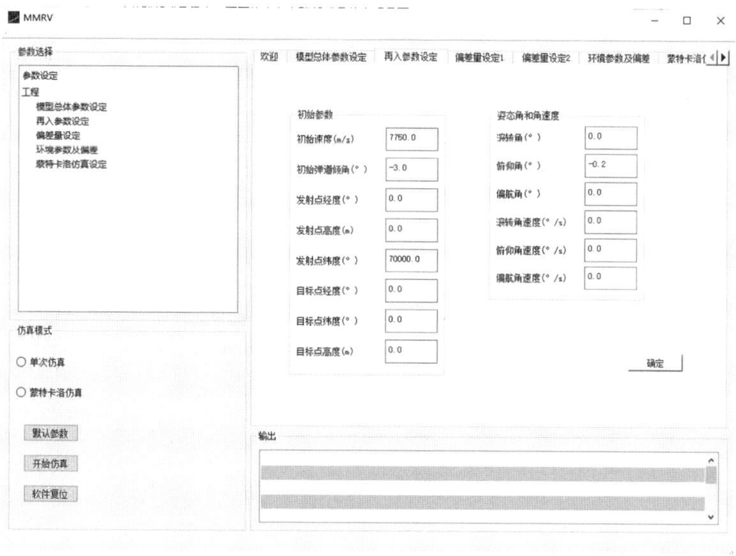

第 8 章 变质心再入飞行器仿真分析

图 8.4 变质心再入飞行器制导控制仿真平台初始条件设置界面

8.1.4 变质心再入飞行器外部环境设置子系统的实现

在完成了模型建立的基础上，考虑到飞行器外部环境存在不确定性的情况，采用可编辑对话框的形式进行用户手动赋值，同样，该部分功能也可以使用系统默认赋值形式，具体体现形式如图 8.5～8.7 所示。

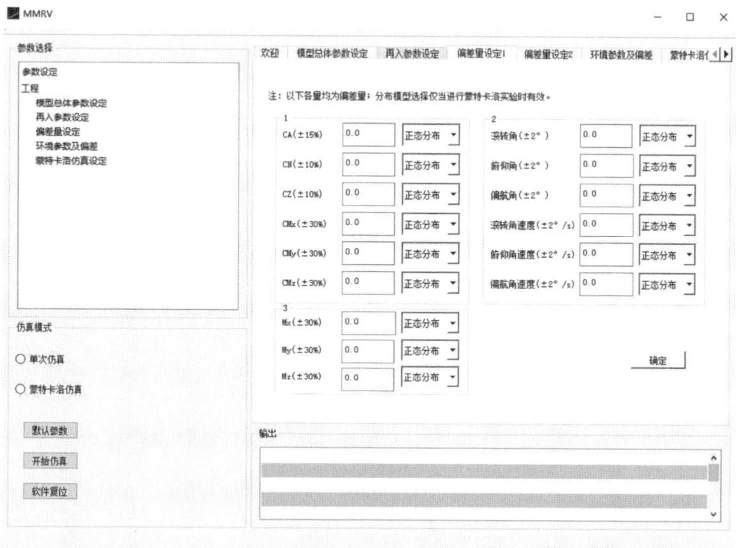

图 8.5 变质心再入飞行器制导控制仿真平台外部环境设置界面 1

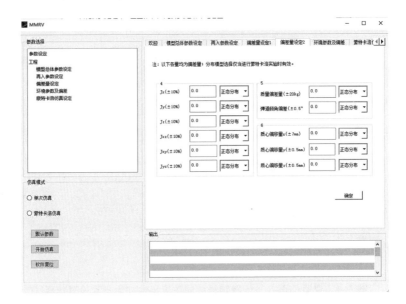

图 8.6 变质心再入飞行器制导控制仿真平台外部环境设置界面 2

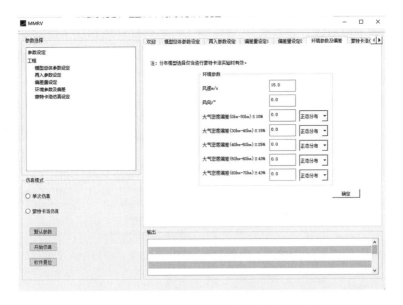

图 8.7 变质心再入飞行器制导控制仿真平台外部环境设置界面 3

8.1.5 变质心再入飞行器制导控制系统验证子系统的实现

考虑到单一试验和组合拉偏试验两种主要的试验方式,仿真平台采用了可编辑对话框的形式,使得用户可以根据所需要的试验方案进行手动设定,并在设定后运行平台,实现仿真,如图 8.8 所示。

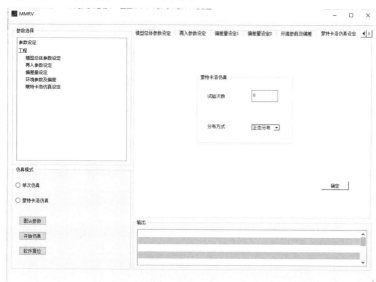

图 8.8 变质心再入飞行器制导控制仿真平台仿真试验设计界面

8.1.6 变质心再入飞行器仿真数据收集子系统的实现

仿真平台将在用户点击开始仿真后进行仿真程序的后台运行,并将仿真结果存储在指定的文件夹内,方便用户的后期分析与评估。

8.2 变质心再入飞行器仿真示例

8.2.1 变质心再入飞行器典型情况仿真分析

采用与第 7 章相同的仿真初始条件,基于前面建立的仿真程序,进行再入制导控制过程的数学仿真,得到仿真结果如图 8.9 所示。

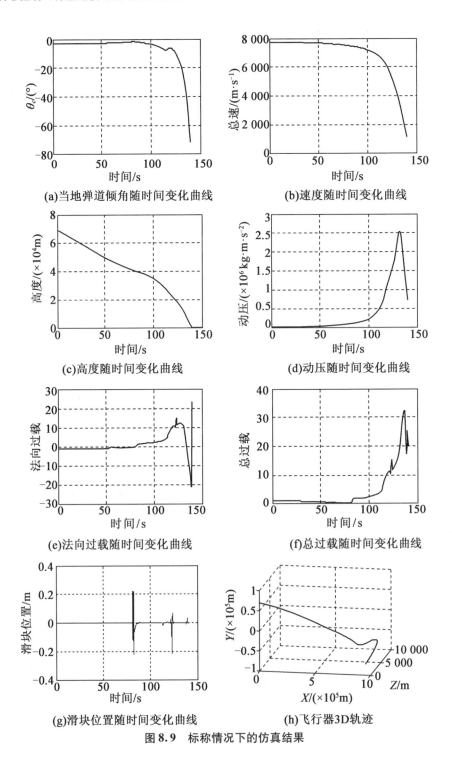

图 8.9 标称情况下的仿真结果

第 8 章 变质心再入飞行器仿真分析

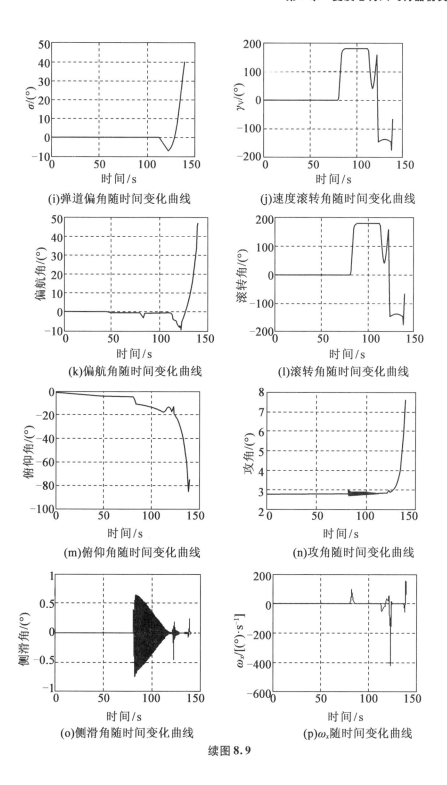

(i)弹道偏角随时间变化曲线　　(j)速度滚转角随时间变化曲线

(k)偏航角随时间变化曲线　　(l)滚转角随时间变化曲线

(m)俯仰角随时间变化曲线　　(n)攻角随时间变化曲线

(o)侧滑角随时间变化曲线　　(p)ω_x随时间变化曲线

续图 8.9

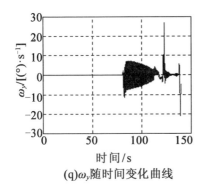
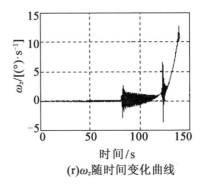

(q) ω_y 随时间变化曲线   (r) ω_z 随时间变化曲线

续图 8.9

图 8.9(a)为飞行器弹道倾角随时间变化的曲线,在再入初始阶段由于飞行器飞行高度较高,大气密度小,此段气动力较小,从而对于弹道倾角影响较小。在高度小于 50 000 m 阶段,随着高度的减小,气动力随之增大,为了满足动压与过载的需求,采用了保持一个较小的弹道倾角飞行进行减速。最后当高度小于 20 000 m 时,采用了滚转制导律的方法,弹道倾角随着高度的降低而减小,最终减小到 −70°附近。

图 8.9(b)和(c)分别为飞行器速度随时间变化曲线和高度随时间变化曲线。在高空段由于阻力较小,飞行器速度随时间变化较慢,减速效果不明显,速度从初始的 7 750 m/s 减小到 7 000 m/s 左右。而随着飞行高度的降低,阻力的增大导致了飞行器的速度大幅度减小,最终达到落速为 1 000 m/s 附近。而高度变化曲线则受到了飞行器速度以及弹道倾角的影响,在高空段由于弹道倾角较小飞行器高度下降得比较缓慢,而随着弹道倾角的逐渐增大,飞行器高度减小的速度也随之增大,最终达到高度为 0。

图 8.9(d)~(f)分别为飞行器动压、法向过载和总过载随时间变化曲线。此三者主要受到气动力、大气密度以及飞行器速度的影响。在高空段由于大气密度较小,因此气动力较小,虽然飞行器具有较高的飞行速度,但是动压、法向过载和总过载均较小。而随着飞行器的飞行高度下降,飞行器进入了大气较为稠密的区域,与此同时由于速度仍然比较大,因此动压、法向过载和总过载增大。而当飞行器飞行高度进一步降低时,飞行器的速度由于较大阻力的存在而减小,这一阶段飞行器的动压、法向过载和总过载开始减小。由图也可以看出,这三个物理量都是呈现先增大后减小的趋势。

图 8.9(g)为滑块位置随时间变化的曲线。由于制导律初始阶段的指令值为一个常值,即一个阶跃信号,因此初始阶段滑块的位置偏移突然增大,而当响应逐渐趋于稳定,滑块的位置逐渐回归初始位置,并保持其位置。由于整个飞行过程中,采用的是分段的方式,在每一段内制导指令变化率较低,因此滑块偏移量较小。而在每一段的初始阶段和与上一段交接的过程中,由于存在着指令值变化较为剧烈的情况,因此滑块位置突然增大,甚至达到饱和的情况。

8.2.2 变质心再入飞行器蒙特卡洛仿真分析

采用仿真平台的蒙特卡洛仿真功能,进行了 10 000 次拉偏试验,得到结果分布图如图 8.10 所示。

由仿真结果可以看出,采用该平台可以对设计的制导控制律进行大批量的仿真试验。通过对试验对象、试验条件以及试验环境进行配置,并在试验结束后进行结果的收集,方便后续的仿真分析。

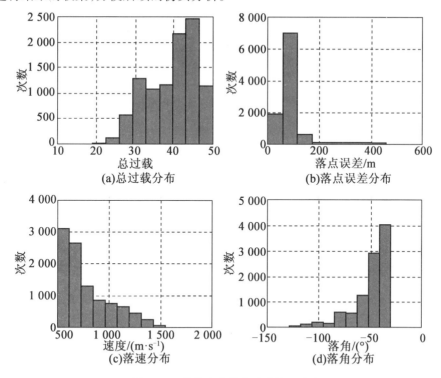

图 8.10 蒙特卡洛仿真试验结果分布

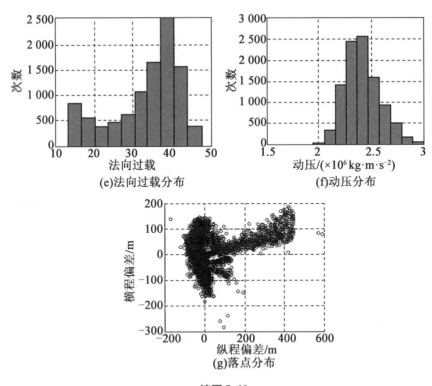

续图 8.10

参考文献

[1] 赵红超,徐君明,林嘉新. 变质心控制技术及其应用综述[J]. 飞航导弹,2010(3):66-70.

[2] REGAN F J, KAVETSKY R A. Add-on controller for ballistic reentry vehicles [J]. IEEE Transactions on Automatic Control, 1984, 12(6): 869-880.

[3] PETSOPOULOS T, RRGAN F J, BARLOW J. Moving-mass roll control system for fixed–trim re–entry vehicle[J]. Journal of Spacecraft and Rockets, 1996, 33(1):54-60

[4] ROGERS J, COSTELLO M. A variable stability projectile using an internal moving mass [C]//AIAA Atmospheric Flight Mechanics Conference and Exhibit. 18 August 2008 - 21 August 2008, Honolulu, Hawaii. Reston, Virginia: AIAA, 2008:7116.

[5] ROBINETT R D, STURGIS B R, KERR S A. Moving mass trim control for aerospace vehicles[J]. Journal of Guidance, control, and Dynamics, 1996, 19(5): 1064-1070.

[6] BYRNE R, ROBINETT R, STURGIS B. Moving mass trim control system design[C]// Guidance, Navigation and Control Conference. 29 July 1996 - 31 July 1996, San Diego, CA. Reston, Virginia: AIAA, 1996:3826.

[7] WOOLSEY C A, LEONARD N E. Moving mass control for underwater vehicles [C]// Proceedings of the 2002 American Control Conference (IEEE Cat. No. CH37301). May 8 - 10, 2002. Anchorage, AK, USA. IEEE, 2002:2824-2829.

[8] GRAVEL J G, BACHMAYER R, LEONARD N E, et al. Underwater glider

model parameter identification[C]. Proceedings of 13th international symposium on unmanned underwatered submersible technology, 2003.

[9] 李瑞康,荆武兴,高长生,等.再入弹头质量矩复合控制系统设计[J].航天控制,2009,27(4):43-48,52.

[10] 毕开波,周军,周凤歧.变质心旋转弹头变结构控制研究[J].航天控制,2006,24(3):17-20.

[11] 王林林,于剑桥,王亚飞,等.单滑块变质心非对称再入飞行器建模及控制[J].系统工程与电子技术,2015,37(5):1116-1123.

[12] 高长生,李君龙,荆武兴,等. 导弹质量矩控制技术发展综述[J].宇航学报,2010,31(2):307-314.

[13] 黄思亮,祝刚,李世玲,等.变质心控制飞行器建模技术及运动机理研究[J].飞行力学,2017,35(5):70-74.

[14] 王林林.再入飞行器制导与控制方法研究[D].北京:北京理工大学,2016.

[15] 王霄婷,周军,林鹏.变质心再入飞行器的灰色预测PID控制[J].西北工业大学学报,2012,30(4):485-490.

[16] 姚春明,李小兵,吴博文,等. 质量矩拦截弹变质心执行机构运动分析[J].弹箭与制导学报,2015,35(3):47-49,92.

[17] 陈克俊,刘鲁华,孟云鹤. 远程火箭飞行动力学与制导[M]. 长沙:国防科技大学出版社,2013.

[18] 赵汉元. 飞行器再入动力学和制导[M]. 长沙:国防科技大学出版社,1997:100-104.

[19] 段振云,王宁,杨旭,等. 一种改进B样条曲线拟合算法研究[J]. 机械设计与制造,2016(5):17-19.

[20] LI G L, CHAO T, WANG S Y, et al. Compound guidance law for single moving mass controlled reentry vehicle[C]//2018 37th Chinese Control Conference(CCC). July 25-27,2018. Wuhan. IEEE,2018:4621-4626.

[21] WANG X, QIU X. Study on fuzzy neural sliding mode guidance law with terminal angle constraint for maneuvering target[J]. Mathematical Problems in Engineering, 2020,2020:4597631.

[22] WANG C Y, DING X J, WANG J N,et al. A robust three-dimensional cooperative guidance law against maneuvering target[J]. Journal of the Franklin Institute 2020, 357(10):5735-5752.

名词索引

B

B 样条 6.5
变质心 0.1
标准轨迹 6.1

D

大气分层 4.1
弹道偏角 5.3
弹道倾角 5.3
弹体坐标系 1.3
地球惯性坐标系 1.2

F

辅助模型 5.3

G

高斯伪谱法 7.6
轨迹坐标系 1.5
滚转制导律 6.3

H

灰色预测 PID 7.2

K

空气动力 4.2
空气动力矩 4.3
控制力 2.1
控制力矩 2.2
扩张状态观测器 7.4

L

落点预测 6.7

P

平太阳日 3.1

R

绕质心运动模型 5.2

S

输入受限 7.3

四元数 1.6
速度坐标系 1.4

X

虚拟目标点 6.6

Y

引力场 3.1
预测校正 6.5

Z

再入走廊 6.1
再入坐标系 1.2
真太阳日 3.1
质量块 0.1
质心运动模型 5.1
终端滑模 7.4
重力 3.2
自适应滑模 7.5